普通高等教育机械类系列教材

机械制造实践

（微课版）

主　编　王海飞

副主编　李震帅　钟　华

　　　　赵玉凤　朱永刚

主　审　李铁钢

西安电子科技大学出版社

内 容 简 介

本书共 7 章，第 1 章机械制造基础知识，介绍了机械制造技术的发展现状、安全生产规程、常用量具及其使用方法、数控对刀仪操作；第 2 章车削加工、第 3 章铣削加工，分别介绍了普通车床、铣床的基础知识，刀具、附件及机床操作方法，典型零件的加工实例；第 4 章数控车床加工、第 5 章加工中心加工，分别介绍了数控车床和加工中心编程方法、仿真加工方法，以典型零件的工艺分析和编程实例为重点，通过实际加工训练体现出数控实训的可操作性；第 6 章特种加工，介绍了特种加工的分类、电火花线切割以及成型机的加工操作方法，并给出了相应的实例；第 7 章为数字化制造综合能力考核。第 2～6 章配有相关的学习视频。

本书是作者多年从事普通机床、数控机床实训教学的经验总结，集中体现了注重实际应用能力培养的教学特点。

本书可作为普通高等学校、高职高专院校和职业中专学校的机械类专业相关课程的实训教材，也可作为数控机床相关科研、工程技术人员的参考书。

图书在版编目(CIP)数据

机械制造实践：微课版 /王海飞主编. —西安：西安电子科技大学出版社，2022.9
ISBN 978–7–5606–6643–3

Ⅰ.①机… Ⅱ.①王… Ⅲ.①机械制造—教材 Ⅳ.①TH

中国版本图书馆 CIP 数据核字(2022)第 158121 号

策　　划　吴祯娥
责任编辑　张　玮
出版发行　西安电子科技大学出版社(西安市太白南路 2 号)
电　　话　(029) 88202421　88201467　　　邮　编　710071
网　　址　www.xduph.com　　　　　　　电子邮箱　xdupfxb001@163.com
经　　销　新华书店
印刷单位　咸阳华盛印务有限责任公司
版　　次　2022 年 9 月第 1 版　2022 年 9 月第 1 次印刷
开　　本　787 毫米×1092 毫米　1/16　印张 13.5
字　　数　316 千字
印　　数　1～2000 册
定　　价　35.00 元
ISBN　978–7–5606–6643–3 / TH
XDUP 6945001–1
如有印装问题可调换

前　言

　　"机械制造实践"是机械类课程中最适合培养学生创新实践能力的一门课程，是学生进行工程技术实践训练必不可少的教学环节，其目的是培养学生综合运用机械制造的理论知识、操作技能解决实际问题的能力。

　　在认真总结近几年机械制造实训教学改革经验的基础上，编者结合多年来机械制造实践教学的积累和体会编写了本书。本书涵盖了现代机械制造工艺过程的主要知识，期望能为全面提高学生的素质，培养高质量、高层次、复合型工程技术人才起到积极作用。

　　全书共7章，主要内容包括机械制造基础知识、车削加工、铣削加工、数控车床加工、加工中心加工、特种加工、数字化制造综合能力考核。

　　本书由沈阳工程学院王海飞担任主编。沈阳工程学院李震帅、钟华，南通理工学院赵玉凤及郑州科技学院朱永刚担任副主编。具体编写分工如下：王海飞编写第4章和第7章，李震帅编写第1章和第5章，钟华编写第6章，赵玉凤编写第2章并负责书中视频的录制工作，朱永刚编写第3章。本书得到了沈阳机车车辆厂杨世光老师与北方重工集团有限公司白生有老师的指正，沈阳工程学院李铁钢高级工程师审阅了本书并提出了许多宝贵的意见和建议，编者在此一并表示感谢。

　　由于编者水平有限，书中难免有不足和疏漏之处，恳请广大读者批评指正。

编　者

2022年4月

目　　录

第 1 章　机械制造基础知识

2015 年 5 月，国务院正式印发《中国制造 2025》，文件中提出了通过"三步走"实现制造强国的战略目标。第一步，到 2025 年迈入制造强国行列；第二步，到 2035 年中国制造业整体达到世界制造强国阵营中等水平；第三步，到新中国成立一百年时，制造业大国地位更加巩固，综合实力进入世界制造强国前列。"中国制造 2025"目标的实现需要大量的复合型创新人才，这些人才很大部分要从大学生中培养，因此这一代大学生肩负着重要的历史使命。"少年强则国强"，大学生应多学习，打好基础，勤于思考，勇于创新。

1.1　我国机械制造技术的发展现状

新中国成立初期，我国在几乎空白的工业基础上，建立起了初步完善的制造业体系，生产出了我国的第一辆解放汽车、第一艘轮船、第一台万吨水压机、第一台机车、第一架飞机、第一颗人造地球卫星等。为了追赶世界制造技术的先进水平，在引进和吸收国际先进技术的基础上，我们一直在不断地开发新产品、研究推广先进制造技术。目前，我国在机械制造技术方面有了飞速的发展，可以为航天、造船、大型发电设备制造、机车车辆制造等重要行业提供高质量的数控机床和柔性制造单元；可以为汽车、摩托车等大量生产行业提供可靠性高、精度保持性好的柔性生产线；可以供应实现网络制造的设备；五轴、七轴联动数控技术更加成熟；已实现高速数控机床、高精度精密数控机床、并联机床等的实用化；国内自主开发的高性能的数控系统已逐步成熟，数控机床的整机性能、精度、加工效率等都有了很大的提高；天宫一号空间站、A320 等大型飞机装配制造、杭州湾 36 km 跨海大桥、北京至天津高速列车等世界领先技术逐步得到推广和应用，在技术上已经克服了长期困扰我们的可靠性问题。

可以看到，我国的机械制造业取得了很大的成就，正在由"中国制造"逐步发展为"中国创造"，拥有自主知识产权的技术越来越多。

当前，新一轮科技革命和产业变革与我国加快转变经济发展方式形成历史性交汇，国际产业分工格局正在重塑。为抓住这一重大历史机遇，我们应抢占全球制造"高地"，实施制造强国战略，加强统筹规划和前瞻部署。

同时我们应该看到，我国的制造技术与国际先进技术水平相比还有不小的差距，比如数控机床在我国机械制造领域的普及率不高，国产先进数控设备的市场占有率还较低，数控刀具、数控检测系统等数控机床的配套设备仍不能适应技术发展的需要，机械制造行业的制造精度、生产效率、整体效益等还不能满足市场经济发展的要求。这些问题都需要我们继续努力学习和实践，攻克难关。

1.2 安全生产规程

安全生产是人类进行生产活动的客观需要，现行生产要做到以人为本，更需要强化安全生产，尤其是当生产和安全有矛盾时，生产要服从安全。生产任务重时，发生事故的概率较大，这时就更要重视并做好安全工作。

1.2.1 实习场地基本安全守则

实习场地基本安全守则如下：

(1) "安全生产，人人有责。"所有职工、学生必须加强法治观念，认真执行党和国家有关安全生产、劳动保护的政策、法令、规定，严格执行安全技术操作规程和各项安全生产制度。

(2) 实习学生或临时参加劳动及变换工种的人员，未经三级安全教育或考试不合格者，不得参加实训和单独操作。

(3) 工作前必须按规定穿戴好防护用品，女同学应把发辫盘入帽内，操作高速旋转类机床时严禁戴手套，不得穿拖鞋、凉鞋，赤膊，敞衣，戴头巾和围巾工作，严禁带小孩进入工作场地。

(4) 工作时应集中精力、坚守岗位，不得擅自把自己的工作交给他人，不得打闹、睡觉和做与本职工作无关的事。

(5) 文明生产，保持场区、车间、库房、通道清洁，畅通无阻。

(6) 严格执行交接班制度，下课前必须切断电源、熄灭火种、保养设备、清理好现场。

(7) 工作时应互相关心，注意周围同学的安全。做到"三不伤害"：不伤害自己，不伤害他人，不被他人伤害。发生重大事故或未遂事故时要及时抢救，保护好现场，并立即报告指导教师。

(8) 全体学生应在各自的职责范围内认真执行有关安全规定，对因渎职或违章作业造成安全事故的责任者，要根据情节的轻重、损失的大小，给予批评教育和纪律处分，甚至追究刑事责任。

1.2.2 金属切削机床加工安全技术操作规程

金属切削机床加工安全技术操作规程如下：

(1) 工作前必须按规定穿戴好防护用品，扎好袖口，严禁戴手套和围巾上机床操作，女生发辫应盘在帽子内。

(2) 工作现场应整洁，切屑、油、水要及时清除。工件和材料不能乱放，以免妨碍操作或堵塞通道。

(3) 工具、量具和夹具必须完好、适用，并放在规定的地方。机床导轨、工作台和刀架上禁止放置工具、工件和其他物件。

(4) 开动机床前应详细检查各固定螺栓是否紧固，润滑情况是否良好，油量是否充足，电气开关是否灵活正常，保护接"零"是否良好，各种安全防护装置、保险装置是否良好，机械转动是否完好，各种操作手柄的位置是否正常。

(5) 机床开动时，应先低速空车试运转 1～2 min，等运转稳定后方可正式操作。

(6) 刀具和工件必须装夹正确和牢固，装卸表面有油或工件较大时，床面上要垫好木板，防止工件打伤床面，不得用手垫托，以免被坠落工件砸伤。

(7) 在机床切削过程中，人要站在安全位置，要避开机床运转部位和飞溅的切屑，不得在刀具的行程范围内检查切削情况。

(8) 在机床运转过程中，不得调节变速机构或行程，不得用手摸工具、工件或转动部位，不得擦拭机床的运转部位，不得测量和调整工件，不得换装工具；装卸工具时不得用人力或工具强迫机床停止转动。

(9) 不得用手直接清除铁屑或用口吹铁屑，应使用专门工具进行清除。

(10) 两个人或两个人以上在同一机床上工作时，必须有一人负责统一指挥，以防发生事故。

(11) 在机床运转过程中，操作人员不得离开工作岗位，因故离开时，必须停车并切断电源。

(12) 中途停电应关闭电源，退出刀具。

(13) 工作中发现异常情况，应立即停车，并及时请机电维修人员进行维修。

(14) 使用的锉刀一定要装有木柄，扳手的扳口必须与螺帽相吻合；禁止在扳口上加衬垫物或在柄上加长套管，以防滑脱撞击伤人。

(15) 工作完毕，须切断电源，退出刀架，卸下刀具，将各种操作手柄放到空挡位置，并将机床擦拭干净。

1.2.3　车间安全用电常识

车间安全用电常识如下：

(1) 车间内的电气设备不要随便乱动。使用的设备、工具的电气部分出现故障时，不得私自修理，也不得带故障运行，应立即请电工维修。

(2) 自己经常接触和使用的配电箱、配电板、闸刀开关、按钮开关、插座、插销以及导线等，必须保持完好安全，不得有破损或带电部分裸露出来。

(3) 在操作闸刀开关、磁力开关时，必须将盖子盖好，以防短路时出现电弧或熔断保险丝，导致火花飞溅伤人。

(4) 使用的电气设备，其外接地和接零的设施须经常检查，一定要保证连接牢固，否则接地或接零就不起任何作用。

(5) 需要移动某些非固定安装的电气设备，如电风扇、照明灯、电焊机等时，必须先切断电源后再移动，同时导线要收拾好，不得在地面上拖拽，以免磨损。导线被物体压住时，不要硬拉，防止将导线拉断。

(6) 使用手电钻、电砂轮等手用电动工具时，需操作人员直接用手把握，同时需四处移动，很容易造成触电事故，为此必须注意如下事项：

① 必须安设漏电保护器，同时工具的金属外壳应进行防护性接地或接零。

② 对于使用单相电的手用电动工具，其导线、插头、插座必须符合单相三眼的要求，其中有一相用于防护性接零。同时严禁将导线直接插入插座内使用。

③ 操作时应戴好绝缘手套并站在绝缘板上。

④ 不得将工件等物品压在导线上，防止压断导线而发生触电。

(7) 工作台上、机床上使用的局部照明灯，其电压不得超过 36 V。

(8) 使用的行灯要有良好的绝缘手柄和金属护罩。灯泡的金属灯口不得外露，引线要采用有护套的双芯软线，并装有"T"形插头，防止插入高压的插座上。行灯的电压在一般场所不得超过 36 V，在特别危险的场所(如金属容器内、潮湿的地沟处等)，其电压不得超过 12 V。

(9) 在一般情况下，禁止使用临时线。若必须使用，则务必经过安全技术部门批准，同时，临时线应按有关安全规定安装好，不得随便乱拉，并按规定时间拆除。

(10) 在进行容易产生静电火灾或爆炸事故的操作时(如使用汽油洗涤零件、擦拭金属板材等)，必须有良好的接地装置，以便及时消除聚集的静电。

(11) 在遇到高压电线断落至地面时，导线断点周围 10 m 以内禁止人员进入，以防发生跨步电压触电。若此时已有人在 10 m 之内，则以单足或并足方式离开危险区。

(12) 发生电气火灾时，应立即切断电源，用黄沙、二氧化碳、四氧化碳等灭火器材灭火。切不可用水或泡沫灭火器灭火，因为它们有导电的危险。救火时应注意自己身体的任何部位及灭火器具都不得与电线电气设备接触，以防危险。

(13) 在打扫卫生、擦拭设备时严禁用水去冲洗电气设备或用湿抹布擦拭电气设施，以防发生短路和触电事故。

1.2.4　砂轮机安全操作规程

砂轮机安全操作规程如下：

(1) 砂轮机应指定专人管理，确保防护装置完整，保证正常使用。

(2) 更换砂轮时，必须进行检查：检查砂轮是否有裂痕和高速破裂试验合格的标签；砂轮两边是否垫有软垫片，夹板螺帽是否紧固适当，夹板直径是否不小于砂轮直径的三分之一。装好防护罩先空转 2~3 min，一切正常后才能使用。

(3) 工作时应站在砂轮机侧面；应拿稳工件，以免工件在砂轮上跳动；禁止在砂轮上磨软质工件，以防砂轮堵塞；禁止在砂轮上磨重、大和长(500 mm 以上)的工件；不得两人同时使用一个砂轮；工作时应戴防护眼镜及口罩。

(4) 磨较薄或小的工件时，应防止将工件挤入磨刀架与砂轮之间而挤碎砂轮。出现这种情况时，应立即关闭电源，并由维修工将工件取出，以免引起伤亡事故。

(5) 离开时应及时关停砂轮机。

1.3　机械加工工艺和产品的质量

机械制造技术在社会工业生产中发挥了重要的作用，对于推动社会发展进步起到了积极的作用，其中机械加工工艺在机械制造中具有重要的地位。机械加工工艺是机械制造领域的一个重要分支，也是决定机械性能的关键环节，对于保证产品质量、提高加工效率、降低生产成本及改善企业管理意义重大。

1.3.1　机械加工工艺

1. 机械加工过程

用金属切削的方法逐步改变毛坯的形状、尺寸和表面质量，使之成为合格零件的过程，称为机械加工过程。在机械制造业中，机械加工过程是最主要的工艺过程。

机械加工过程由一系列按顺序进行的工序组成。通过这些工序对工件进行加工，可将毛坯逐步加工为合格的零件。工序是由一个工人或一组工人在不更换工作地点的情况下对同一个或几个工件同时进行加工并连续完成的那一部分工艺过程。划分工序的主要依据是工作地点是否变动和工作是否连续。工序是工艺过程的基本单位，也是编制生产计划和进行核算的基本依据。工序又可细分为工步、装夹等。

工步：一个工序可以只有一个工步，也可以包括若干个工步。工步是在加工表面和加工工具不变的情况下所连续完成的那一部分工作。

安装：工件加工前使其在机床上获得一个正确的固定位置的过程称为装夹。装夹包括工件定位和夹紧两部分内容。工件经一次装夹后所完成的那一部分工序称为安装。在一个工序中可以包括一个或数个安装。

2. 定位基准的选择

基准是用来确定生产对象上几何要素间的几何关系所依据的点、线、面。定位基准是在加工中用作定位的基准。工件定位的实质，是使工件在机床或夹具中具有某个确定的正确加工位置。

定位基准的作用主要是保证工件各表面之间的相互位置精度。按照工序性质和作用不同，定位基准可分为粗基准和精基准两类。以毛坯上未经加工表面来定位的基准为粗基准，而采用已加工表面来定位的基准称为精基准。

1) 粗基准的选择

粗基准的选择一般情况下也就是第一道工序定位基准的选择，往往是为了加工出后续工序的精基准。在选择粗基准时，重点考虑两方面：一是加工表面的余量分配，二是加工面与不加工面间的相互位置要求。因此，粗基准的选择原则如下：

(1) 若首先保证工件上加工面与不加工面间的相互位置要求，则应以不加工面为粗基准；若有几个不需加工的表面，则应以其中与加工表面间位置精度较高者为粗基准；若每个表面都需加工，则以余量最小者为粗基准，以保证工件在后道工序中不会因余量不足而报废。

（2）若首先保证工件某重要表面的加工余量均匀，则应以该表面为粗基准。

（3）尽量选用位置可靠、平整光洁的表面作粗基准，避免选用有飞边、浇口、冒口或其他缺陷的表面作粗基准，以保证定位准确、夹紧可靠。

（4）粗基准一般不重复使用。这是因为粗基准比较粗糙，重复使用会产生很大的基准位置误差，影响加工精度。但是若采用精化毛坯，而相应的加工要求不高，重复安装的定位误差在允许范围内，则粗基准可灵活使用。

2）精基准的选择

选择精基准时，重点考虑如何减少定位误差，提高加工精度，以及使工件安装准确、可靠、方便。精基准的选择原则如下：

（1）基准重合原则。尽量选用设计基准作为精基准，这样可以避免基准不重合而引起的基准不重合误差。

（2）基准统一原则。应用统一的定位基准进行各道工序或大部分工序的加工。基准统一原则是成批、大量生产中常常采用的一条原则，但不排除个别工序中为了保证加工精度而采用基准重合原则。

（3）自为基准原则。当某些精加工要求加工余量小而均匀时，选择加工表面本身作为定位基准称为自为基准原则。遵循自为基准原则时，不能提高加工面的位置精度，只能提高加工面本身的精度。

（4）互为基准原则。为了使加工面间有较高的位置精度，使其加工余量小而均匀，可采取反复加工、互为基准原则。

（5）保证工件定位准确、夹紧可靠、操作方便原则。所选精基准面应该是精度高、表面质量好、支承面积大的表面。当用夹具装夹时，选择的精基准面还应考虑夹具结构简单、操作方便。

3）辅助定位基准

实际生产中，有时在工件上找不到合适的表面作为定位基准，为便于工件安装和保证获得规定的加工精度，可以在制造毛坯时在工件上允许的部位增设和加工出定位基准，如工艺凸台、工艺孔、中心孔等，这种定位基准称为辅助定位基准，它在零件的工作中不起作用，只是为了加工的需要而设置的。除不影响零件正常工作而允许保留的外，在零件全部加工后，须将增设的辅助定位基准切除。

3. 工艺路线的拟定

工艺路线是工艺规程的主干，它的合理与否将直接影响整个零件的机械加工质量、生产率和经济性。因此，工艺路线的拟定是制订工艺规程的关键性一步，在具体工作中，应在充分分析研究的基础上提出几个方案，通过比较选择最佳的工艺路线。在拟定工艺路线时，除正确地确定定位基准外，还需解决下面几个问题。

1）表面加工方法的选择

零件各表面加工方法的选择，不但影响加工质量，而且影响生产率和制造成本。零件表面加工方法常常根据经验或查表来确定，再根据实际情况或通过工艺试验进行修改。

机械加工既要保证零件的尺寸、形状和位置精度，又要保证机械加工表面质量。机械加工表面质量是指零件在机械加工后被加工面的微观不平度，也叫粗糙度。

对于高精度平面加工，满足同样精度要求的加工方法有几种，故在选择加工方法时应遵循以下原则：

(1) 根据每个加工表面的技术要求，确定加工方法及加工次数。

(2) 根据生产类型，不同的加工方法和加工方案所采用的设备和刀具不同，生产率和经济性也大不相同。大批量生产时，应选用高效率和质量稳定的加工方法。例如，平面和孔可采用拉削加工，采用组合铣、镗等对数个表面同时加工，在单件小批生产时，多采用通用机床、通用工艺装备及常规的加工方法；而大批量生产时，则尽可能采用专用的高效率设备和专用工艺装备等。

(3) 零件材料的可加工性应有所不同。有色金属一般采用精车、精铣、精镗、滚压等方法，经淬火的钢制件在精加工时必须采用磨削的方法。

(4) 根据本企业的现有设备与技术水平，充分利用现有设备和工艺手段，挖掘企业潜力，发挥工程技术人员和工人的积极性与创造性。同时积极应用新手段和新技术，不断提高工艺水平。

(5) 特殊要求。如铰削及镗削的纹路方向与拉削的纹路方向不同，应根据设计的特定要求选择相应的加工方法。

2) 加工顺序的分类

当零件的加工质量要求较高时，往往不可能在一道工序内完成一个或几个表面的全部加工，一般将零件的整个工艺路线分成几个加工阶段，即粗加工阶段、半精加工阶段、精加工阶段。如果对加工精度和表面质量要求特别高，还应进行光整加工和超精密加工。

(1) 粗加工阶段：切除工件各加工表面的大部分余量。在粗加工阶段，主要问题是如何提高生产率。在粗加工阶段可及早发现锻件、铸件等毛坯的裂纹、夹杂、气孔、夹砂及余量不足等缺陷，及时予以报废或修补，以避免造成浪费。

(2) 半精加工阶段：达到一定的准确度要求，完成次要表面的最终加工，并为主要表面的精加工做好准备。

(3) 精加工阶段：完成各主要表面的最终加工，使零件的加工精度和加工表面质量达到图样的要求。在精加工阶段，主要问题是如何确保零件的质量。精加工切削力和切削热小，机床磨损相应较小，有利于长期保持设备的精度。

3) 加工顺序的确定

(1) 机械加工顺序的安排。

机械加工工序的顺序应遵循下述原则安排：

① 先进行粗加工，后进行精加工。

② 先加工出基准面，再以它为基准加工其他表面。如果基准面不止一个，则按照逐步提高精度的原则，先确定基准面的转换顺序，然后考虑其他各表面的加工顺序。

③ 先安排主要表面的加工，后安排次要表面的加工。

(2) 检验工序的安排。

检验对保证产品质量有着极为重要的作用。除操作者或检验员在每道工序中进行自检或抽检外，一般还安排独立的检验工序。检验工序属于机械加工工艺过程中的辅助工序，包括中间检验工序、特种检验工序和最终检验工序。

在下列情况下安排中间检验工序：

① 每个工序的首件，其目的是避免大批量零件不合格造成重大质量事故。

② 工件从一个车间转到另一个车间前后，其目的是便于分析产生质量问题的原因和分清零件质量事故的责任。

③ 重要零件的关键工序加工后，其目的是控制加工质量和避免工时浪费。

特种检验主要指无损探伤，此外还有密封性检验、称重检验等。

最终检验工序安排在零件表面全部加工完之后。

1.3.2　机械产品的质量

机械工业是国民经济的基础，机械产品的质量直接影响企业的经济与社会效益。机械产品的质量由加工精度与表面质量决定。

1. 加工精度

加工精度是指零件加工后的实际几何形状(尺寸形状、表面相互位置)与设计要求的理想几何参数的符合程度，符合程度越高，加工精度就越高。它包括尺寸精度、形状精度和位置精度三种，它们直接影响产品的工作性能与质量。

1) 尺寸精度

尺寸精度是由尺寸公差来表示的，尺寸公差是指零件对尺寸允许的变动量。同一基本尺寸的零件，公差值的大小决定了零件尺寸的精度：公差值小的，精度高；公差值大的，精度低。例如，有一轴，其直径为 48 mm，基本尺寸为 48 mm，最大允许加工到 48.01 mm，最小允许加工到 47.97 mm，尺寸公差为 48.01 - 47.97 = 0.04 mm。

2) 形状精度

形状精度是指同一表面的实际形状相对理想形状的符合程度。形状精度由轨迹法、成形法、展成法三种方式获得，常用形状公差控制。形状公差有 6 项：直线度、平面度、圆度、圆柱度、线轮廓度、面轮廓度。

3) 位置精度

位置精度是指零件点、线、面的实际位置相对理想位置的符合程度。零件表面的相互位置主要是由机床精度、夹具精度和工件的安装精度来保证的。位置精度是由位置公差显示的，共有 8 项：平行度、垂直度、倾斜度、位置度、同轴度、对称度、圆跳动、全跳动。

2. 表面粗糙度

表面粗糙度是指加工表面具有的较小间距和微小峰谷的不平度。因为两波峰或两波谷之间的距离(波距)很小(在 1 mm 以下)，所以表面粗糙度属于微观几何形状误差。

1) 表面粗糙度的符号含义

√：基本符号，表示表面可用任何方法获得。不加注粗糙度参数或有关说明时，仅适用于简化代号标准(如表面处理、局部热处理状况等)。

√ 基本符号加短线，表示表面用去除材料的方法获得(如车、铣、钻、磨、剪切、抛光腐蚀、电火花加工、气割等)。

∀ 基本符号加小圆，表示表面用不去除材料的方法获得(如铸、锻、冲压变形、热轧粉末冶金等)。

2) 表面粗糙度 *Ra* 值的含义举例

³∙²∕：用任何方法获得的表面粗糙度 *Ra* 最大允许值为 3.2 mm;

³∙²∕：用去除材料的方法获得的表面粗糙度 *Ra* 最大允许值为 3.2 mm;

³∙²∇：用不去除材料的方法获得的表面粗糙度 *Ra* 最大允许值为 3.2 mm。

3) 表面粗糙度的检测

检测表面粗糙度常用比较法。比较法是将被测面与已知粗糙度参数值的表面(样板)进行比较，用目测和手摸的感触来判断表面粗糙度的一种检测方法。比较时还可借助放大镜等工具，以减少误差。比较时，样板与被检表面的加工纹理方向应保持一致。此外，还有光切法、干涉法、感触法等检测方法。

1.4　常用量具及使用方法

量具是用来测量被加工零件是否符合零件图要求的工具。为了保证零件的加工质量，加工前要对毛坯进行检查，加工过程中和加工完毕后也都要对工件进行检测。检测所用量具的种类很多，下面介绍几种常用量具。

1.4.1　钢直尺

钢直尺是不可卷的钢质板状量具，钢直尺又称钢板尺等，如图 1.1 所示。钢直尺的长度规格有 150 mm、300 mm、500 mm、1000 mm 四种，常用的是 150 mm 和 300 mm 两种。应根据零件形状灵活掌握钢直尺的使用方法，如图 1.2 所示。

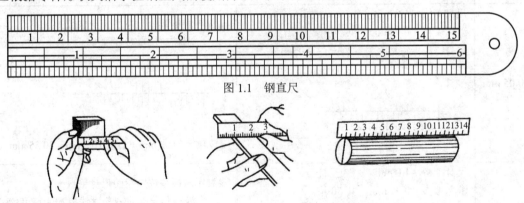

图 1.1　钢直尺

图 1.2　钢直尺的使用

1.4.2　游标卡尺

游标卡尺是一种结构简单、测量精度较高的量具。游标卡尺使用方便，可以直接测量出零件的内径、外径、长度和深度的尺寸值，在生产中被广泛应用。

1. 游标卡尺的刻线原理与读数方法

如图 1.3 所示，游标卡尺主要由尺身和游标组成。游标卡尺的测量精度有 0.1 mm、0.05 mm、0.02 mm 三种。常用的是精度为 0.02 mm 的游标卡尺。游标卡尺的测量范围有 0～125 mm、0～200 mm、0～300 mm、0～500 mm 等几种。游标卡尺的刻线原理与读数方法见表 1.1。用游标卡尺测量尺寸的操作如图 1.4 所示。

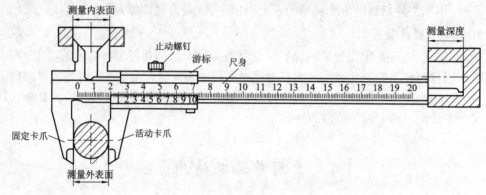

图 1.3 游标卡尺

表 1.1 游标卡尺的刻线原理与读数方法

精度值	刻线原理	读数方法及示例
0.1 mm	尺身 1 格 = 1.0 mm 游标 1 格 = 0.9 mm，共 10 格 尺身、游标每格之差 = 1 mm – 0.9 mm = 0.1 mm	读数 = 游标零位以左的尺身整数 + 游标与尺身对齐刻度线格数 × 精度值 读数 = 90.00 mm + 4 × 0.1 mm = 90.4 mm
0.05 mm	尺身 1 格 = 1.0 mm 游标 1 格 = 0.95 mm，共 20 格 尺身、游标每格之差 = 1 mm – 0.95 mm = 0.05 mm	读数 = 游标零位以左的尺身整数 + 游标与尺身对齐刻度线格数 × 精度值 读数 = 30.00 mm + 11 × 0.05 mm = 30.55 mm
0.02 mm	尺身 1 格 = 1.0 mm 游标 1 格 = 0.98 mm，共 50 格 尺身、游标每格之差 = 1 mm – 0.98 mm = 0.02 mm	读数 = 游标零位以左的尺身整数 + 游标与尺身对齐刻度线格数 × 精度值 读数 = 22.00 mm + 9 × 0.02 mm = 22.18 mm

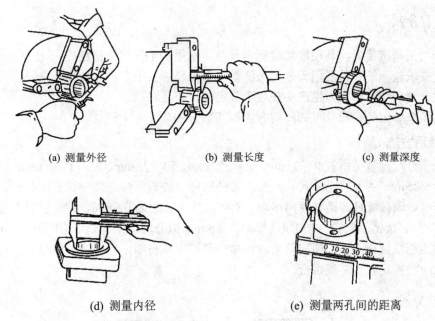

(a) 测量外径   (b) 测量长度   (c) 测量深度

(d) 测量内径   (e) 测量两孔间的距离

图 1.4 游标卡尺的使用方法

2. 使用游标卡尺的注意事项

(1) 为避免损伤卡爪的测量面，未经加工的毛坯面不要用游标卡尺测量。

(2) 使用前将尺擦净。卡爪闭合时，尺身、游标零刻度线应重合。

(3) 测量时游标卡尺应放正，不可歪斜。

(4) 测量时用力应适当，读数时应避免视线误差。

3. 其他游标量具

除普通游标卡尺外，还有专门用来测量深度尺寸的游标深度尺和测量高度尺寸的游标高度尺，如图 1.5 所示。游标高度尺除了可以测量零件的高度尺寸外，还可以用来精密画线。

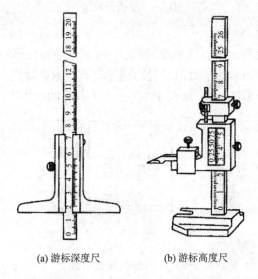

(a) 游标深度尺   (b) 游标高度尺

图 1.5 测高度、深度的游标卡尺

1.4.3 千分尺

千分尺是精密量具，其精度比游标卡尺高，常用的千分尺测量精度为 0.01 mm，对于加工精度要求较高的零件要用千分尺来测量。千分尺种类很多，有外径千分尺、内径千分尺及深度千分尺等，在实际生产中外径千分尺应用得最多。

下面简单介绍外径千分尺的使用方法和读数方法。

1. 使用方法

外径千分尺测量范围有 0～25 mm、25～50 mm、50～75 mm、75～100 mm 等，如图 1.6 所示是 0～25 mm 的外径千分尺。尺架左端的砧座、测微螺杆与微分筒是连在一起的，转动微分筒时，测微螺杆即沿其轴向移动。测微螺杆的螺距为 0.5 mm，固定套筒上的轴向中线上下相错 0.5 mm，各有一排刻线，每格为 1 mm。微分筒的锥面边缘沿圆周有 50 等分的刻度线，当测微螺杆端面与砧座接触时，微分筒的零线与固定套筒的中线对准，同时微分筒边缘也应与固定套筒零线重合。

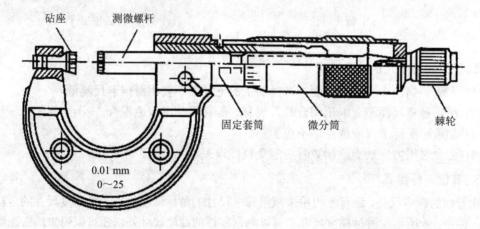

图 1.6　外径千分尺

2. 读数方法

测量时，先从固定套筒上读出毫米数，若 0.5 mm 刻线也露出活动套筒边缘，则加 0.5 mm；从微分筒上读出小于 0.5 mm 的小数，二者加在一起即得测量数值。如图 1.7 所示，读数为 8.5 mm + 0.01 mm × 27 = 8.77 mm。如图 1.8 所示为千分尺的使用方法。

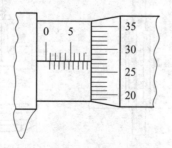

图 1.7　千分尺读数示例

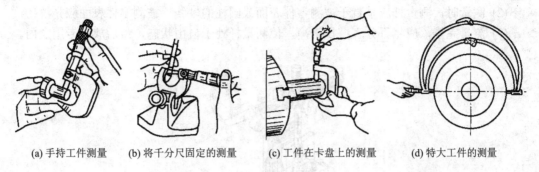

(a) 手持工件测量　　(b) 将千分尺固定的测量　　(c) 工件在卡盘上的测量　　(d) 特大工件的测量

图 1.8　千分尺的使用方法

1.4.4　百分表

百分表是一种测量精度较高的机械式量表，是只能测出相对数值不能测出绝对值的比较量具。百分表主要用于检测零件的形状和位置误差(如圆度、圆柱度、同轴度、平行度、垂直度、圆跳动等)，也常用于工件装夹时的校正。

百分表的结构如图 1.9 所示，当测量头 5 向上或向下移动 1 mm 时，通过测量杆 4 的齿条和几个齿轮带动大指针 2 转一周，小指针 3 转一格。刻度盘 1 圆周上有 100 等分刻度线，其每格的读数值为 0.01 mm，小指针每格读数值为 1 mm。测量时大、小指针所示计数变化值之和即为尺寸变化量。小指针处的刻度范围就是百分表的测量范围。刻度盘可以转动，供测量时调整大指针校零之用。

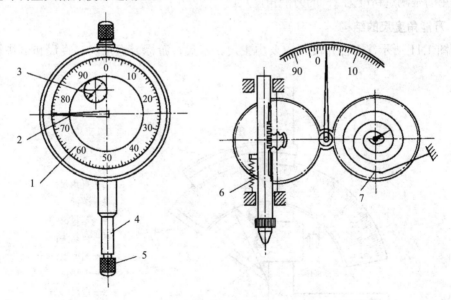

1—刻度盘；2—大指针；3—小指针；4—测量杆；5—测量头；6—弹簧；7—游丝

图 1.9　百分表

百分表使用时应装在专用的百分表架上，如图 1.10 所示。

1. 百分表的使用方法

(1) 测量前检查测量杆活动是否灵活，检查刻度盘和指针有无摇动现象；

(2) 测量时，测量杆应垂直于被测零件表面或圆柱的轴线，被测零件表面应光滑；

(3) 测量完毕，应将百分表擦拭干净，使测量杆处于自由状态，最后放入专用盒内。

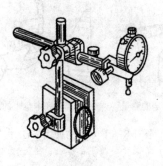

图 1.10　百分表架

2. 百分表的计数方法

百分表测量的数值由整毫米数和小数两部分组成。整毫米数是小指针转过的刻度数，小数是大指针转过的刻度数乘以 0.01 mm。

1.4.5　万能角度尺

万能角度尺又称万能游标量角器，是用来测量内、外角度的量具。万能角度尺按游标的测量精度分为 2′ 和 5′ 两种，其示值误差分别为 ±2′ 和 ±5′，测量范围为 0°～320°。一般常用的是测量精度为 2′ 的万能角度尺。

1. 万能角度尺的结构

如图 1.11 所示，万能角度尺主要由主尺、基尺、游标、直角尺、直尺和卡块等部分组成。

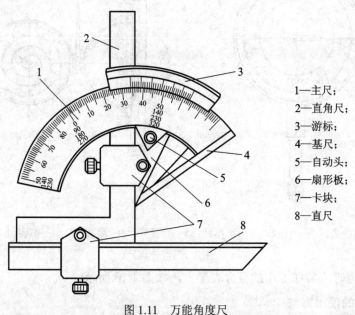

1—主尺；
2—直角尺；
3—游标；
4—基尺；
5—自动头；
6—扇形板；
7—卡块；
8—直尺

图 1.11　万能角度尺

2. 万能角度尺的刻线原理

万能角度尺的主尺刻线每格为 1°，游标共 30 格等分 29°，游标每格为 58'，主尺 1 格和游标 1 格之差为 1° - 58' = 2'，所以它的测量精度为 2'。

3. 万能角度尺的读数方法

如图 1.12 所示，先读出游标尺零刻度前面的整度数，再看游标卡尺第几条刻线和主尺刻线对齐，读出角度 "'" 的数值，最后两者相加就是测量角度的数值。

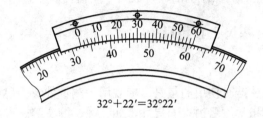

32° + 22' = 32°22'

图 1.12　万能角度尺的读数方法

4. 万能角度尺的测量范围

如图 1.13 所示，万能角度尺由于直尺和直角尺可以移动和拆换，因此可以测量 0°～320° 的任何角度。

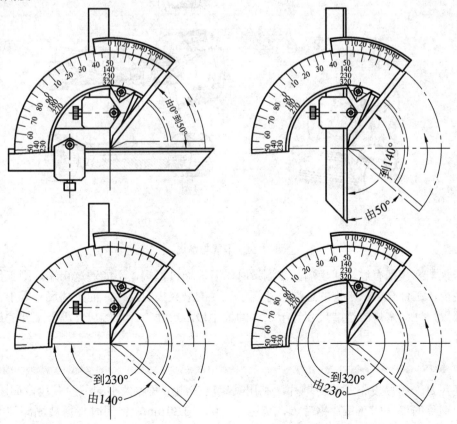

图 1.13　万能角度尺的测量范围

5. 使用万能角度尺的注意事项

(1) 使用前应检查起始位置是否与零位对齐。

(2) 测量时，应使万能角度尺的两测量值与被测件表面在全长上保持良好接触，然后拧紧制动器上的螺母即可读数。

(3) 在 50°～140° 范围内测量时，应装上直尺；在 140°～230° 范围内测量时，应装上直角尺；在 230°～320° 范围内测量时，不装直角尺和直尺。

(4) 万能角度尺用完后应擦净上油，再放入专用盒内。

1.4.6　卡规与塞规、塞尺、直角尺

1. 卡规与塞规

卡规与塞规是成批生产时使用的量具。卡规用于测量外表面尺寸，如测量轴径，工件的宽度、厚度等；塞规用于测量内表面尺寸，如孔径、槽宽等。卡规和塞规测量准确、方便，其结构及测量方法如图 1.14 所示。

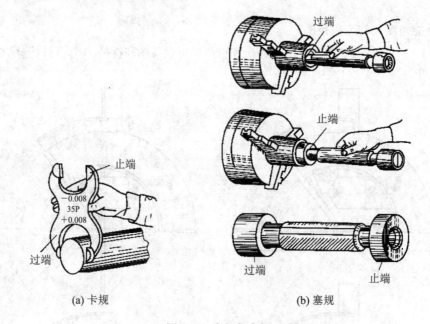

(a) 卡规　　　　　　　　　　　(b) 塞规

图 1.14　卡规与塞规

卡规与塞规都有过端和止端。在测量时，若能通过过端，不能通过止端，则工件在公差范围内，工件合格。卡规的过端尺寸等于工件的最大极限尺寸，而止端尺寸等于工件的最小极限尺寸。塞规的过端尺寸等于工件的最小极限尺寸，而止端尺寸等于工件的最大极限尺寸。

2. 塞尺

塞尺是一组厚度不等的薄钢片，利用其厚度来测量间隙大小的薄片量尺，如图 1.15 所示。钢片的厚度印在每片钢片上，范围为 0.03～0.30 mm，使用时根据被测间隙的大小选择厚度接近的钢片或选择几片钢片插入被测间隙，插入被测间隙钢片的厚度即为被测

间隙值。

　　测量时，必须将塞尺和被测工件擦净，插入塞尺时不能用力过大，以免折弯钢片。组合成某一厚度时选用的钢片数应尽量少。

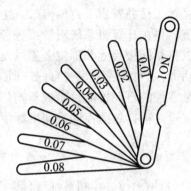

图 1.15　塞尺

3. 直角尺

　　直角尺两尺边的内侧和外侧均为准确的 90°，是用来检查工件垂直度的非刻线量尺或画线时用的导向工具。

　　直角尺有整体式与组合式两种，如图 1.16(a)所示。测量零件时，直角尺宽边与基准面贴合，以窄边靠向被测平面，可根据光隙判断误差，也可用塞尺检查缝隙大小，以确定垂直度误差，如图 1.16(b)所示。

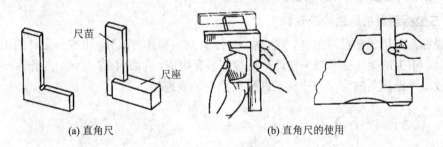

尺苗

尺座

(a) 直角尺　　　　　　　　　　　(b) 直角尺的使用

图 1.16　直角尺及其应用

1.4.7　三坐标测量机

　　三坐标测量机(Coordinate Measuring Machine，CMM)是指在一个六面体的空间范围内，能够表现几何形状、长度及圆周分度等测量能力的仪器，又称为三坐标测量仪。三坐标测量机的操作与数控机床相似，其控制程序和坐标数据由计算机控制和读取。

1. 三坐标测量机的测量原理

　　简单地说，三坐标测量机就是在三个相互垂直的方向上有导向机构、测长元件、数显装置，有一个能够放置工件的工作台(大型和巨型不一定有)，测头可以用手动或机动方式轻快地移动到被测点上，由读数设备和数显装置把被测点的坐标值显示出来的一种测量设备。显然这是最简单、最原始的测量机。有了这种测量机后，在测量容积里任意一点的坐标值都可通过读数装置和数显装置显示出来。

测量机的采点发出信号装置是测头，在沿 X、Y、Z 三个轴的方向装有光栅尺和读数头。其测量过程就是当测头接触工件并发出采点信号时，由控制系统采集当前机床三轴坐标相对于机床原点的坐标值，再由计算机系统对数据进行处理和输出。因此测量机可以用来测量直接尺寸，也可以获得间接尺寸和形位公差以及各种相关关系，还可以实现全面扫描和一定的数据处理功能，为加工提供数据并处理加工测量结果。自动型测量机可以进行自动测量，实现批量零件的自动检测。将被测物体置于三坐标测量空间，可获得被测物体上各测点的坐标位置，根据这些点的空间坐标值，经计算求出被测物体的几何尺寸、形状和位置。

2. 三坐标测量机的分类

测量机系统的整体结构包括机械本体、控制系统和测头系统等。控制系统又包括计算机系统和电控柜。测量机的种类繁多，其分类方式也有多种：

(1) 按精度分：生产型，精度为 7 μm；精密型，精度为 4.5 μm；计量型，精度为 2 μm (1 m 有效长度)。

(2) 按大小分：小型，最长轴≤1 m；中型，1 m<最长轴≤4 m；巨型，最长轴>4 m。

(3) 按采点方式分：点位采样型和连续采样型。

(4) 按运动形式分：机动型和手动型。

(5) 按机械结构分：桥式、龙门式、立柱式和悬臂式等。

(6) 按测头接触方式分：接触式和非接触式。

3. 三坐标测量机的结构及软件

三坐标测量机包括机械主体、测量系统、控制系统等几大部分，由安装工件的工作台、移动桥架、中央滑架、三维测头和计算机数控装置组成，如图 1.17 所示。工作台一般由花岗岩制成，三维测头的头架与横梁之间采用空气轴承连接。

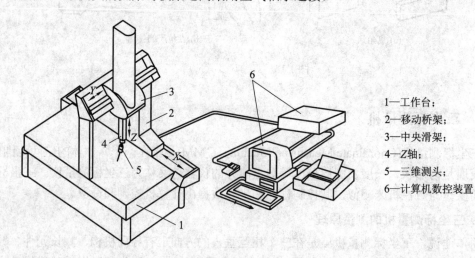

1—工作台；
2—移动桥架；
3—中央滑架；
4—Z轴；
5—三维测头；
6—计算机数控装置

图 1.17　三坐标测量机

三坐标测量机常用的测量软件是 Emeas、Rationaldmis 等。

4. 三坐标测量机的应用领域

三坐标测量机主要用于机械、汽车、航空、军工等领域，可以对家具、工具原型、机器等中小型配件、模具箱体、机架、齿轮、凸轮、蜗轮、蜗杆、叶片、曲线、曲面等进行测量，还可用于电子、五金、塑胶等行业中，对工件的尺寸、形状和形位公差进行精密检测，从而完成零件检测、外形测量、过程控制等任务，非常适用于逆向工程技术。

1.4.8　量具的保养与检定

为了保持量具的精度，延长其使用寿命，必须注意对量具的维护和保养。为此，应做到以下几点：

(1) 测量前应将量具的测量面和工件的被测表面擦洗干净，以免脏物存在而影响测量精度和加快量具磨损。不能用精密测量器具测量粗糙的铸锻毛坯或带有研磨剂的表面。

(2) 量具在使用过程中，不能与刀具、工具等堆放在一起，以免碰伤；也不要随便放在机床上，以免因机床震动使量具掉落而损坏。

(3) 量具不能当其他工具使用。例如，用千分尺当小手锤使用，用游标卡尺画线等都是错误的。

(4) 温度对测量结果的影响很大，精密测量必须在 20℃左右进行，一般测量可在室温下进行，但必须使工件和量具的温度一致。量具不能放在热源(如电炉子、暖气设备等)附近，以免受热变形而损失精度。

(5) 不要把量具放在磁场附近，以免使量具磁化。

(6) 发现精密量具有不正常现象(如表面不平、有毛刺、有锈斑、尺身弯曲变形、活动零部件不灵活等)时，使用者不要自行拆修，应及时送交计量室检修。

(7) 量具应经常保持清洁。量具使用后应及时擦拭干净，并涂上防锈油放入专用盒中，存放在干燥处。

(8) 精密量具应定期送计量室(计量站)鉴定，以免其示值误差超差而影响测量结果。

1.5　数控对刀仪

确定程序原点在机床坐标系中的位置的过程就是对刀。对刀的作用是建立工件坐标系，直观的说法是，对刀是确立工件在机床工作台中的位置，实际上就是求对刀点在机床坐标系中的坐标。对于数控车床来说，在加工前首先要选择对刀点，对刀点是指用数控机床加工工件时，刀具相对于工件运动的起点。对刀点可以设在零件上、夹具上或机床上，对刀时应使对刀点与刀位点重合。对刀这一辅助加工时间占用了很大比例的总加工时间，数控对刀仪大大地提高了生产效率。

1.5.1　数控对刀仪的结构

数控对刀仪的结构如图 1.18 所示。该对刀仪采用 ORIGIN 检测软件，用于测量刀具和预调刀具，重复测量精度良好。对刀仪平台 8 上装有刀柄夹持主轴 5，用于安装被测刀具。主轴可配 BT50 型刀柄及各种刀型的转换套，也可选用 BT40 型主轴。通过快进定位手柄 1 和微调旋钮 2 或 3，可调整刀柄夹持主轴 5 在对刀仪平台 8 上的位置。当光源发射器 4 发光，将刀具刀刃放大投影到显示屏幕 6 上时，即可测得刀具在 X(径向尺寸)、Z(刀柄基准面到刀尖的长度尺寸)方向的尺寸。

1—快进定位手柄；
2—X向微调旋钮；
3—Z向微调旋钮；
4—光源发射器；
5—主轴；
6—显示屏幕；
7—宽屏显示器；
8—对刀仪平台

图 1.18　数控对刀仪的结构

在使用数控对刀仪的过程中要注意以下事项，培养良好的测量习惯：

(1) 在把刀具放入主轴之前，清洁刀具和主轴；

(2) 用胶带或橡皮泥清洁刀刃，确保系统测量的是刀刃而非刀刃上的碎屑；

(3) 用对焦测量器来对焦刀具，确保相机可以看到刀具的最大直径；

(4) 确保在测量时检测灯是关闭的；

(5) 用对焦测量器和几何测量模式来消除操作失误的影响。

1.5.2　数控对刀仪的操作

1. 屏幕布局

显示器的屏幕布局如图 1.19 所示。

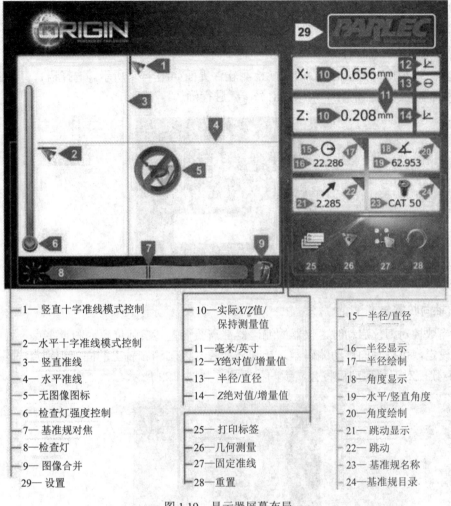

1— 竖直十字准线模式控制

2—水平十字准线模式控制

3— 竖直准线
4— 水平准线
5—无图像图标
6—检查灯强度控制
7— 基准规对焦
8—检查灯
9— 图像合并
29— 设置

10—实际X/Z值/
　　保持测量值

11—毫米/英寸
12—X绝对值/增量值
13— 半径/直径
14—Z绝对值/增量值

25— 打印标签
26— 几何测量
27—固定准线
28—重置

15—半径/直径

16—半径显示
17—半径绘制
18—角度显示
19—水平/竖直角度
20—角度绘制
21—跳动显示
22— 跳动
23— 基准规名称
24—基准规目录

图 1.19　显示器屏幕布局

2. 系统初始设置

1) 电源控制

电源开关 ▇ 位于对刀仪的背面，按下即可接通
电源。

2) 对刀仪控制

对刀仪如图 1.20 所示。

(1) Z 轴微调：位于 Z 轴的微调滚轮以 0.001 mm
增量在水平轴移动。

(2) X 轴微调：位于 X 轴的微调滚轮以 0.001 mm
增量在垂直轴移动。

(3) 轴制动与释放：按动在测量臂上的红色按钮
来释放轴制动，以实现轴向移动。

图 1.20　对刀仪

（4）主轴制动：顺时针转动主轴制动把手来锁紧主轴，防止其转动。当解锁主轴时，逆时针转动主轴制动把手。主轴制动把手自带力矩控制功能，所以不会被过分锁紧。

3. ORIGIN 检测软件

在第一次使用对刀仪时，ORIGIN 检测软件界面如图 1.21 所示。选择语言、单位(英尺/毫米)和标签格式，点击右下角绿色对号 进行确认。

图 1.21　ORIGIN 检测软件界面

4. 轴向归零

每当数控对刀仪启动时，仪器的编码器都需要设置其实际位置为测量零点。为实现位置识别设定，可以轴向移动编码器，让其分别通过 X 轴和 Z 轴上的固定识别点(轴零点)。

（1）数控对刀仪启动后将会显示归零窗口，如图 1.22 所示。

图 1.22　归零窗口

（2）按住轴制动手柄上的红色按钮，如图 1.23 所示，使立柱沿 X 轴或 Z 轴移动，直到图 1.22 中的第一个红色叉号 显示为绿色对号 。此时一个轴向已经归零。

轴制动器

图 1.23　轴制动手柄

(3) 将主柱沿另一方向移动，直到屏幕上的第二个红色叉号 ✖ 图标变为绿色对号 ✔。此时两个轴向均已归零，归零窗口将消失。

此时屏幕上的读数可随轴移动而变化。

5. 基准规数据库

基准规数据库 ![Master 50] 用于存放、管理控制对刀仪的基准数据。用户可创建、编辑、删除并载入主轴和转换套数据到测量屏幕中。如图 1.24 所示，基准规数据库界面中显示了已激活的主轴和转换套，其中显示的数值都可以编辑。如果选中某个主轴或转换套，它们的名称就可通过点击进行再次编辑。

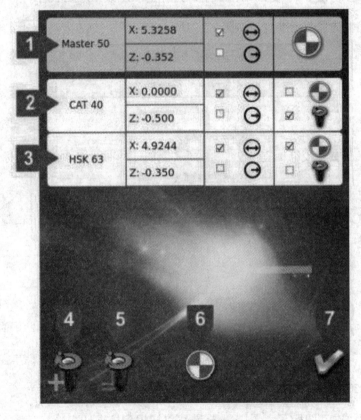

图 1.24　基准规数据库

图 1.24 中各个部分的说明如下：

1—主参考点。这里存储了主轴观测计的校准数据。所有没有观测计的转换套都将以主轴校准数据为准。

2—没有观测计的转换套。

3—有观测计的转换套。

4—给基准规列表添加转换套。

5—从基准规列表中删除转换套。

6—校准当前选择的转换套。

7—激活当前所选的基准规并关闭数据库页面。

6. 刀具预调仪校准过程

所有的绝对测量都是从零点开始的。零点是刀柄中心线(X 轴零点)和主轴的基准线(Z 轴零点)的交点。内置的预先测量注册的校准计软件可以有助于校准数控对刀仪到零点。

以下的校准过程将设置主轴中心线为 X 轴零点，同时设置主轴基准线为 Z 轴零点。校准不需要在每次仪器开机后进行。最后一次校准的结果已经保存在仪器中，每一次系统归零后都将自动应用上一次的校准数据。

(1) 点击图标 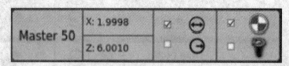 上的红色三角来打开基准规数据库列表。

(2) 从列表中选择主标准规，如图 1.25 所示。

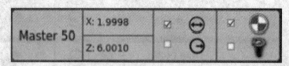

图 1.25　主标准规

(3) 为确保在主轴校准标签 上的 X 轴和 Z 轴数值与标准规数据库的数值一致，点击 X 轴与 Z 轴上的数值进行编辑。

(4) 调整对刀仪的镜头使主轴观测计出现在屏幕中，并对焦，使主轴观测计位于主轴平面边缘，如图 1.26 所示。

图 1.26　对焦位置

(5) 用胶带或者橡皮泥来清洁校准计上的灰尘或线头。

(6) 选择"校准"图标 ，十字准线将捕捉到校准计。

(7) 选择绿色对号 以退出校准列表。现在 X 轴和 Z 轴的测量数值与主轴基准规一致了。

注意　确保数值单位与系统现有单位一致。例如，如果测量屏幕是毫米模式且 X 轴是直径模式，则输入值的单位也必须是毫米，并且 X 值是直径值。

7. 添加无校准计的转换套

为了测量除主轴外的其他刀具，我们需要使用刀具转换套。每一个转换套都需要载入基准规目录中。在使用转换套进行正式测量前，必须在基准规目录中设置好转换套的相关参数值。由于使用转换套会改变主轴基准线的高度，因此系统记录的 Z 轴零度需要更新。

(1) 点击"添加基准规"图标 。

(2) 点击下拉条 并选择刀具类型。

(3) 在刀具类型数值窗口中，输入刀具尺寸。

(4) 选择绿色对号进行确认。

(5) 点击 X 和 Z 来编辑数值，即在转换套相应的位置输入 X 和 Z 值。如果转换套上没有 X 轴相对于主轴零度的补偿值，则在 X 处输入零度 。

(6) 选择 X 轴模式、半径或直径半径模式时，测量是从主轴中轴线开始的。同时也可以测量两个定点的距离，以直径模式测量刀具的实际大小。

(7) 选择转换套图标 ，使转换套与当前主轴关联。

(8) 点击绿色对号进行确认并退出基准规界面。

注意　所有的转换套上的数值都是基于主轴零点的当前校准数据。每次主轴零点校准后，所有关联的转换套都将一起更新。

8. 添加有校准计的转换套

带有校准计的转换套自身有一个独立于主轴的基准零点。此独立零点将作为刀具预调仪测量的参考零点。每一个带有校准计的转换套都必须校准，并且无须同时校准主轴。

(1) 点击"添加基准规"图标。

(2) 点击下拉条 并选择刀具类型。

(3) 点击刀具类型数值窗格以输入刀具尺寸。

(4) 选择绿色对号进行确认。

(5) 点击 X 和 Z 来编辑数值，即输入在转换套上相应位置的 X 和 Z 值。

(6) 选择 X 轴模式、半径或直径半径模式时，测量是从主轴中轴线开始的。同时也可以测量两个定点的距离，以直径模式测量刀具的实际大小。

(7) 选择"校准"图标 以启动校准。

(8) 点击绿色对号进行确认并退出基准规界面。

9. 删除基准规

主轴零度数据不能被删除。如果要删除的基准规与一个刀具已经关联，则删除后刀具将自动与主轴零点相关联。

(1) 选择将被删除的基准规名称。

(2) 点击"删除"图标 ![]。

(3) 点击绿色对号以确认删除基准规。

10. 系统控制

1) 虚拟键盘

ORIGIN 软件所有的输入方式将由虚拟键盘完成。每当某区域有输入要求并被选中时，虚拟键盘将自动显示出来。点击键盘上的数字，相应的内容就会显示在文字区域中。确认光标准确位于要输入文字的位置上，点击文字输入区域的任何一个位置，光标将被锁定，键盘同时被打开(如果之前没有被打开的话)。一旦键盘上的"确认"或"返回"键被按下，键盘将自动消失。点击右上角的"![]"也可关闭键盘，如图 1.27 所示。

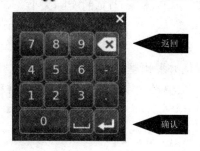

图 1.27　虚拟键盘

2) 打印标签

点击"打印标签"图标 ![] 可以通过可选购的标签打印机来打印目前的测量值，在打印机设置中可用来设计不同的标签模式。

3) 几何测量模式

点击"几何测量模式"图标 ![]，可使系统进入实时测量模式。当几何测量模式启动时，十字准线图标将显示为可选择高点模式或者边缘对齐模式。在边缘对齐模式下角度显示变为可用。

(1) 高点模式 ![] ![]。高点模式是默认模式。在高点模式下，十字准线将捕捉屏幕上的最高点。

(2) 边缘对齐模式 ![] ![]。在边缘对齐模式下，十字准线将与刀具的表面边缘对齐。X轴和 Z轴的读数将显示两条准线相交的位置。此模式可用来找到两个平面的相交处。

4) 固定十字准线

点击"固定十字准线"图标 ![]，可将准线固定于零度位置，并显示三个跟踪基准规。X 轴基准规跟踪从刀具边缘到竖直准线的距离；中心点基准规跟踪从 X 轴与 Z 轴的交点到刀具上最近点的距离；Z 轴基准规跟踪从水平准线到刀刃的距离。

5）重置

点击"重置"图标 ⟲，基准规数据库列表将显示出来，并恢复所有轴的读数到默认设置。

6）检查灯

点击"检查灯"图标 ☼，可照明刀具以便进行检查。利用滑动条可调整图像窗口的亮度。

7）对焦基准规

"对焦基准规" 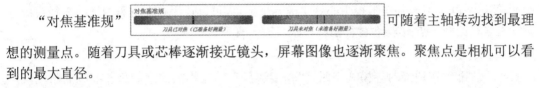 可随着主轴转动找到最理想的测量点。随着刀具或芯棒逐渐接近镜头，屏幕图像也逐渐聚焦。聚焦点是相机可以看到的最大直径。

8）合并模式

点击"合并"图标 ▨，进入合并模式，可以在主轴转动时，将图像浏览器中的所有物体合并成一张图片。此模式的优点在于，无须测量每一个刀刃，就可以找到最大直径和长度。当测量一个带螺旋刀具的半径时，首先选择合并模式，然后在测量半径前转动主轴 360°即可显示刀具切割的几何形状。选择合并模式或"重置"均可退出或重置屏幕。

9）刀具直径/半径测量显示(X 轴)

X 轴的数值 X: 0.656mm 显示了基于竖直准线位置的当前的直径或者半径测量值。

10）刀具长度显示(Z 轴)

Z 轴的数值 Z: 0.208mm 显示了当前基于水平准线位置的刀具长度测量值。

11）保持测量控制

点击 X 或 Z 轴数值会锁定显示数值并保留当前测量结果，再次点击则会解锁测量数值。这个功能在相机不能同时看到长度和直径测量位置时使用。在轴向保持模式下，数值的背景变为红色。

12）英寸/毫米控制

点击"IN/MM"键，可将系统锁定在英寸或毫米单位下。

13）半径/直径控制

点击"半径/直径"键 ⊖ ⊖，系统将被锁定为测量 X 轴的半径或者直径。
半径 直径

14）绝对值/增量控制

绝对值模式 ⌐ 反映了当前基准规的测量数值；当选择增量模式 ⌐ 时，显示的数
绝对值 增量

值将清零，测量值从当前十字准线位置算起。

16) 测量半径/直径

点击数值将锁定显示值。显示数值的背景变成红色，表示保持模式已经开启。点击"半径/直径"图标 ，可在测量半径和直径两种模式中切换。

16) 半径绘制

点击半径显示窗格的红色三角，将打开一个输入区域 ，可以人工输入半径。点击绿色对钩，可用来确认所输入的半径，并关闭半径输入窗口。此时，屏幕上将自动绘制所输入尺寸的半径，并在半径中心处生成一个抓点，可以让用户在屏幕中拖拽半径模板。再次在半径读数上点击半径/直径图标，则可输入直径。

17) 角度测量

当十字准线在边缘对齐模式下时，"角度测量"功能将被开启。每条准线的角度值显示了当前的夹角。如果两条准线都为边缘对齐模式，则角度值显示了两条准线的夹角。点击图标 可使水平夹角变成竖直夹角。点击图标中的数值可锁定数值，在锁定模式下，数值的背景将显示为红色。

18) 角度绘制

如图 1.24 所示，点击角度显示窗格的红色三角，将打开一个输入区域，可以手动输入两条准线的角度 。在打开输入区域前，点击水平/竖直图标将会改变角度起源的轴。角度线在屏幕上被画出来，并带一个中心抓点。抓住中心点，用户就可以围绕屏幕拖拽角度模板。通过 Z 轴和 X 轴微调，可以精确测量边缘对齐角度。

19) 刀具跳动检测

要激活刀具跳动检测功能，则点击"刀具跳动"图标 或右上角(红色)箭头。刀具跳动检测指针显示了刀具上将要被检测跳动的位置。缓慢转动主轴直到第一个刀刃清晰对焦，捕捉第一个刀刃作为最大或最小值。继续转动刀具完整一圈，同时用最大值捕捉大刀刃，用最小值捕捉小刀刃，当最大和最小刀刃都被捕捉后，跳动值将会显示。

20) 窗口模式

在窗口模式下，图像系统将只会分析在窗口中显示的图形。这在分析刀具单个功能区域时非常有用。通过点击和拖拽刀具特征，即可开启窗口模式。点击屏幕上的任何一处将取消窗口模式并回到全屏模式。窗口模式只能在几何测量模式下使用。

21) 选择转换套

点击"重置"键将调出转换套列表，点击转换套名称即可将基准规载入测量界面。

第 2 章 车削加工

思政课堂

现代各种复杂精密的机械都是从古代简单的工具逐步发展而来的,车床也不例外,中国是世界上机械发展最早的国家之一。早在公元前我国就有了由弓形钻发展起来的原始木工车床——弓弦车床。到了公元8世纪（唐代）出现了手工操作的车床——足踏车床。1915 年,上海荣昌泰机器厂制造出了第一台国产脚踏车床。中华人民共和国成立后,机械制造业的发展突飞猛进。1972 年,沈阳第一机床厂生产研发出中国第一台 CA6140 型卧式车床,目前在国内使用最为普遍。

航空发动机被誉为现代工业"皇冠上的明珠",叶片是影响发动机安全性能的关键承载部件。"让加工工具再精确一微米",大国工匠中国航发沈阳黎明航空发动机有限责任公司(简称中国航发黎明)普通车工和数控车工双料高级技师洪家光精益求精、努力钻研,让技艺巧到极致,练就了一身感知 0.001 mm 粗糙度变化的本领,这种专研精神值得当代大学生学习。

2.1 车削加工概述

车削加工是机械加工中应用最为广泛的方法之一。在机械加工车间里,车床约占机床总数的一半。无论是在成批大量生产,还是在单件小批量生产以及在机械的维护修理方面,车削加工都占有重要的地位。

2.1.1 车削的加工范围及车床的分类

车削加工是车床上利用工件的旋转和刀具的移动来加工轴类、盘类和套类等回转类零件的方法。如图 2.1 所示,车床的加工范围包括孔、外圆、成形面、端面、锥体及滚花等。

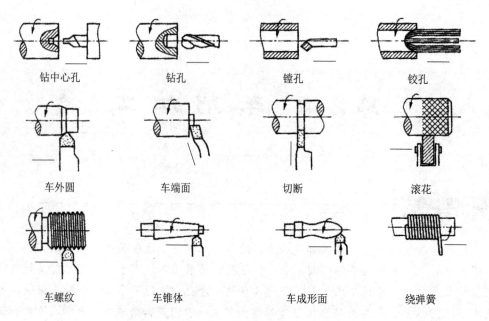

钻中心孔　　　　钻孔　　　　镗孔　　　　铰孔

车外圆　　　　车端面　　　　切断　　　　滚花

车螺纹　　　　车锥体　　　　车成形面　　　　绕弹簧

图 2.1　车床的加工范围

普通车床加工尺寸精度一般为 IT9～IT7，表面粗糙度 $Ra = 6.3～1.6\ \mu m$。

车床的种类很多，主要有卧式车床(将在第 2.2 节中介绍)、立式车床(见图 2.2)、转塔车床、自动及半自动车床、仪表车床和数控车床等。

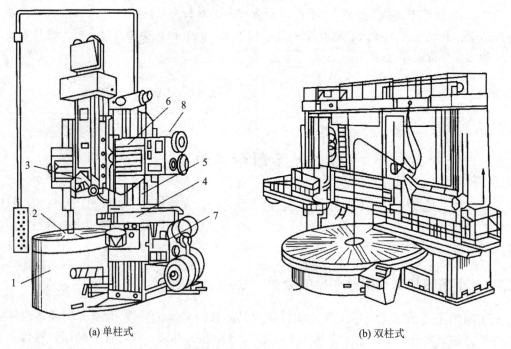

(a) 单柱式　　　　(b) 双柱式

1—底座；2—工作台；3—垂直刀架；4—侧刀架；5—立柱；6—横架；7—侧刀架进给箱；8—垂直刀架进给箱

图 2.2　立式车床

2.1.2 切削运动与切削用量

1. 切削运动

为了使车刀能够从工件上切下多余的金属，必须使刀具与工件之间产生相对运动，从而获得毛坯形状精度、尺寸精度和表面质量都符合技术要求的工件。根据刀具与工件的相对运动对切削过程所起的不同作用，可以把切削运动分为主运动和进给运动。

(1) 主运动。主运动是机床提供的主要运动。主运动使刀具和工件之间产生相对运动，从而使刀具的前刀面接近工件并对加工余量进行剥离。在车床上，主运动是机床主轴的回转运动，即车削加工时工件的旋转运动。

(2) 进给运动。进给运动是指机床上的刀具与工件之间产生的附加相对运动。进给运动与主运动相配合，就可以完成切削加工。进给运动是机床刀架(溜板)的直线运动，它可以是纵向的移动(沿机床主轴方向)，也可以是横向的移动(垂直于机床主轴方向)。

在车削加工中，主运动要消耗比较大的能量，才能完成切削。

2. 切削用量

切削速度、进给量和背吃刀量三者称为切削用量。它们是影响工件加工质量和生产效率的重要因素，如图 2.3 所示。

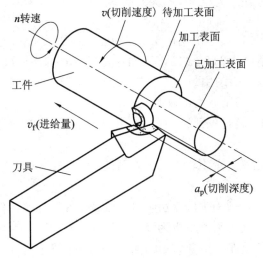

图 2.3 车削原理图

(1) 切削速度(v)。车削时，工件加工表面最大直径处的线速度称为切削速度，用 v(m/min)表示。其计算公式为

$$v = \frac{\pi dn}{1000} \tag{2-1}$$

式中：d——工件待加工表面的直径(mm)；

　　　n——车床主轴每分钟的转速(r/min)。

(2) 进给量(v_f)。对于不同种类的机床，进给量的单位是不同的。对于普通车床，进给量为工件每转一周，车刀所移动的距离，单位为 mm/r；对于数控车床，由于其控制原理与普通车床不同，进给量也可以是刀具在单位时间内沿进给方向相对于工件的位移量，单位

为 mm/min。

(3) 切削深度(a_p)。切削深度又称切深、背吃刀量，是指已加工表面和待加工表面之间的垂直距离(mm)。其计算公式为

$$a_p = \frac{d_w - d_m}{2} \qquad (2-2)$$

式中：d_w——工件待加工表面的直径(mm)；

　　　d_m——工件已加工表面的直径(mm)。

为了保证加工质量和提高生产效率，零件加工应按粗加工、半精加工和精加工分阶段进行。中等精度的零件，一般按粗车—精车的方案进行即可。

粗车的目的是尽快地从毛坯上切去大部分的加工余量，使工件接近要求的形状和尺寸。粗车以提高生产效率为主，在生产中加大切削深度，对提高生产效率最有利，其次适当加大进给量，而采用中等或中等偏低的切削速度。使用高速钢车刀进行粗车的切削用量推荐如下：背吃刀量 $a_p = 0.8\sim1.5$ mm，进给量 $f = 0.2\sim0.3$ mm/r，切削速度 $v = 30\sim50$ m/min (切钢)。

粗车铸、锻件毛坯时，因工件表面有硬皮，为保护刀尖，应先车端面或倒角，第一次切深应大于硬皮厚度。若工件夹持的长度较短或表面凹凸不平，则切削用量不宜过大。

粗车应留有 0.5～1 mm 作为精车余量。粗车后的精度为 IT14～IT11，表面粗糙度 Ra 值一般为 12.5～6.3 μm。

精车的目的是保证零件尺寸精度和表面粗糙度达到要求，生产效率应在此前提下尽可能提高。一般精车的精度为 IT8～IT7，表面粗糙度 $Ra = 3.2\sim0.8$ μm，所以精车是以提高工件的加工质量为主。切削用量应选用较小的背吃刀量 $a_p = 0.1\sim0.3$ mm 和较小的进给量 $f = 0.05\sim0.2$ mm/r，切削速度可取大些。

精车另一个突出的问题是保证加工表面的粗糙度要求。减小表面粗糙度 Ra 值的主要措施有如下几点：

(1) 合理选用切削用量。选用较小的背吃刀量 a_p 和进给量 f，可减小残留面积，使 Ra 值减小。

(2) 适当减小副偏角，或刀尖磨有小圆弧，以减小残留面积，使 Ra 值减小。

(3) 适当加大前角，将刀刃磨得更为锋利，使 Ra 值减小。

(4) 用油石加机油打磨车刀的前、后刀面，使其 Ra 值达到 0.2～0.1 μm，可有效减小工件表面的 Ra 值。

(5) 合理使用切削液，也有助于减小加工表面粗糙度 Ra 值。低速精车使用乳化液或机油；低速精车铸铁使用煤油；高速精车钢件和较高速精车铸铁件，一般不使用切削液。

2.1.3　机床型号的编制方法

机床型号是用来表示机床的类别、特性、组别和主要参数的代号。按照 GB/T 15375—2008《金属切削机床型号编制方法》的规定，机床型号由汉语拼音字母及阿拉伯数字组成，例如，CM6132A。其中：C 为机床类别代号(车床类)；M 为机床通用特性代号(精密机床)；6 为机床组别代号(落地及卧式车床组)；1 为机床系别代号(卧式车床系)；32 为主参数

代号(床身上最大回转直径的 1/10，即最大回转直径为 320 mm)；A 为重大改进次序代号(第一次重大改进)。

2.2 卧式车床

2.2.1 卧式车床的组成及其功能

卧式车床是车床中应用最广泛的类型。CA6140 卧式车床由床身、主轴箱、进给箱、光杠、丝杠、溜板箱、刀架和尾架等部分组成，如图 2.4 所示。

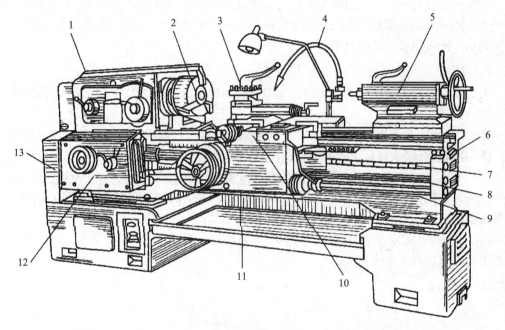

1—主轴箱；2—卡盘；3—刀架；4—切削液管；5—尾架；6—床身；7—丝杠；8—光杠；
9—操纵杆；10—大溜板；11—溜板箱；12—进给箱；13—挂轮箱

图 2.4 CA6140 卧式车床

1. 床身

床身是车床的基础零件，用来支承和安装车床的各部件，保证其相对位置，如主轴箱、进给箱、溜板箱等。床身具有足够的刚度和强度，床身表面精度很高，以保证各部件之间有正确的相对位置。床身上有四条平行的导轨，供床鞍(刀架)和尾架相对于主轴箱进行正确的移动，为了保持床身表面精度，在操作车床中应注意维护保养。

2. 床头箱

床头箱又称主轴箱，用以支承主轴并使之旋转。主轴为空心结构，其前端外锥面安装三爪自动定心卡盘等附件来夹持工件，前端内锥面用来安装顶尖，铣床长孔可穿入长棒料。

箱内有变速齿轮，由电动机带动箱内的齿轮轴转动，通过改变变速箱内的齿轮搭配(啮合)位置，可得到不同的转速，从而改变主轴转速。

3. 进给箱

进给箱又称走刀变速箱，内装进给运动的变速齿轮，可调整进给量和螺距，并将运动传至光杠或丝杠。

4. 光杠、丝杠

光杠、丝杠负责将进给箱的运动传给溜板箱。光杠用于一般车削的自动进给，不能用于车削螺纹；丝杠用于车削螺纹。

5. 溜板箱

溜板箱又称拖板箱，与刀架相连，是车床进给运动的操纵箱。它可将光杠传来的旋转运动变为车刀纵向或横向的直线进给运动；将丝杠传来的旋转运动，通过"开合螺母"直接变为车刀的纵向移动，用以车削螺纹。

6. 刀架

刀架用来夹持车刀并使其作纵向、横向或斜向进给运动。如图 2.5 所示，刀架包括以下各部分：

(1) 大溜板：与溜板箱连接，带动车刀沿床身导轨作纵向移动，其上装有横向导轨。

(2) 中溜板：沿大拖板上的导轨作横向移动，用于横向车削工件及控制切削深度。

(3) 转盘：与中溜板连接，用螺栓紧固。松开螺母，转盘可在水平面内转动任意角度。

(4) 小刀架：控制长度方向的微量切削，可沿转盘上的导轨作短距离移动，将转盘偏转若干角度后，小刀架作斜向进给，用以车削圆锥体。

(5) 方刀架：固定在小刀架上，可同时安装四把车刀，松开手柄即可转动方刀架，把所需要的车刀转到工作位置上。

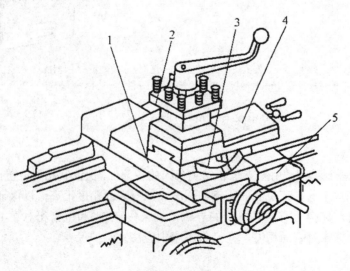

1—中溜板；2—方刀架；3—转盘；4—小溜板；5—大溜板

图 2.5　刀架的组成

7. 尾架

尾架安装在床身导轨上。尾架的套筒内安装顶尖，用以支承工件；可安装钻头、铰刀等刀具，在工件上进行孔加工；将尾架偏移，还可用来车削圆锥体。

2.2.2 卧式车床的传动系统

CA6140 卧式车床的传动系统由主运动传动链和进给运动传动链组成，如图 2.6 所示。主运动传动链把动力源(电动机)的运动及动力传给主轴，使主轴带动工件旋转实现主运动，并满足卧式车床主轴变速和换向的要求。进给运动传动链是使刀架实现纵向及横向移动变速与换向，它包括车螺纹进给运动传动链和机动进给运动传动链。

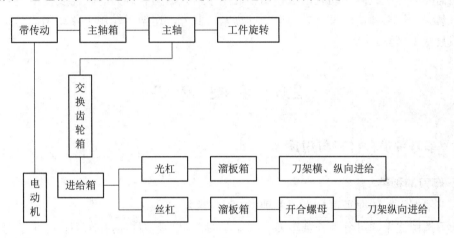

图 2.6 CA6140 卧式车床的传动系统

2.2.3 卧式车床的基本操作

CA6140 卧式车床采用操纵杆式开关，在光杠下面有一主轴启闭和变向手柄，手柄向上为正转，向下为反转，中间为停止位置。

1. 主轴转速的调整

主轴转速可通过改变主轴箱正面右侧两个叠套的手柄位置进行调整。前面的手柄在整圆周上有 6 个挡位，每个挡位上有四级变速，由大手柄的位置确定选择哪一级转速。大手柄只有 4 个挡位，挡位所显示的颜色与前面手柄所处挡位上转速数值字体的颜色相对应。主轴可获得 10～1400 r/min 共 24 种不同的转速(详见床头箱上的主轴转速表)。

2. 进给量的调整

进给量的大小是靠变换配换齿轮及改变进给箱上两个手传输线的位置得到的。进给箱正面左侧有一个手轮，手轮有 8 个挡位，外面的手柄有 A、B、C、D 四个挡位，是控制接通丝杠或光杠的手柄；里面的手柄有 Ⅰ、Ⅱ、Ⅲ、Ⅳ 共 4 个挡位配合手轮的 8 个挡位，可控制螺距和进给量的大小(详见进给箱上的进给量表)。

离合手柄是控制光杠和丝杠转动的，一般车削走刀时，使用光杠离合手柄向外拉；车螺纹时，使用丝杠离合手柄向里推。

3. 手动手柄的使用

顺时针摇动纵向手动手柄，刀架向右移动；逆时针摇动，刀架向左移动。顺时针摇动横向手动手柄，刀架向前移动；逆时针摇动，刀架向后移动。

4. 自动手柄的使用和快速移动操作

溜板箱右侧有一个带十字槽的操作扳手，有 4 个挡位。沿槽的方向扳动控制手柄，可实现纵向进、退和横向进、退运动。操作扳手顶部有一个按钮，用于接通或断开快速电动机，按下按钮，快速电动机接通；松开按钮，电动机断电。

5. 其他手柄的使用

当需要刀具短距离移动时，可使用小刀架手柄。装刀和卸刀时，需要使用方刀架锁紧手柄。装刀、卸刀和切削时，方刀架均须锁紧。此外，尾架手轮用于移动尾架套筒，手柄用于锁紧尾架套筒。

2.3　车　削　刀　具

2.3.1　车刀种类、材料与用途

1. 车刀的种类

车刀根据不同的要求可分为很多种类。

车刀按用途不同可分为外圆车刀、端面车刀、切断车刀、内孔车刀、圆头车刀、螺纹车刀等，如图 2.7 所示。

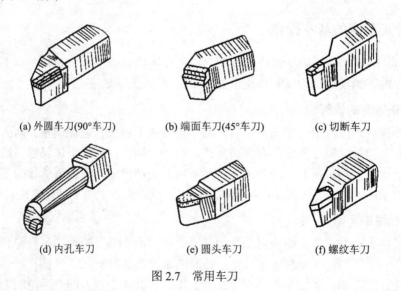

(a) 外圆车刀(90°车刀)　　　(b) 端面车刀(45°车刀)　　　(c) 切断车刀

(d) 内孔车刀　　　　(e) 圆头车刀　　　　(f) 螺纹车刀

图 2.7　常用车刀

车刀按其结构的不同可分为整体式车刀、焊接式车刀、机械夹固式车刀，如图 2.8 所示。

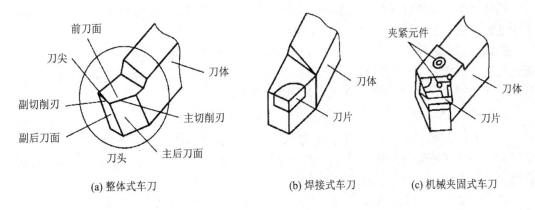

前刀面　刀体　夹紧元件　刀体
刀尖
副切削刃　主切削刃
副后刀面　刀片　刀片
刀头　主后刀面

(a) 整体式车刀　　　(b) 焊接式车刀　　　(c) 机械夹固式车刀

图 2.8　车刀的结构形式

2. 车刀的材料及用途

在切削过程中，刀具的切削部分要承受很大的压力、摩擦、冲击和很高的温度。因此，刀具材料必须具备高硬度、高耐磨性、足够的强度和韧性，以及较高的耐热性(红硬性)，即在高温下仍能保持足够的硬度。

常用车刀材料主要有高速钢、硬质合金、特种刀具材料。

1) 高速钢

高速钢又称锋钢或白钢，它是以钨、铬、钒、钼为主要合金元素的高合金工具钢。高速钢淬火后硬度为 63 HRC～67 HRC，其红硬温度达 550～600℃，允许的切削速度为 25～30 m/min。

高速钢有较高的抗弯强度和冲击韧性，可以进行铸造、锻造、焊接、热处理和零件的切削加工，有良好的磨削性能，刃磨质量较高，故多用来制造形状复杂的刀具，如钻头、铰刀、铣刀等，亦常用作低速精加工车刀和成形车刀。

常用的高速钢牌号为 W18Cr4V 和 W6Mo5Cr4V2 两种。

2) 硬质合金

硬质合金是用高耐磨性和高耐热性的 WC(碳化钨)、TiC(碳化钛)和 Co(钴)的粉末经高压成形后再进行高温烧结而制成的，其中 Co 起黏结作用，硬质合金的硬度约为 74 HRC～82 HRC，有很高的红硬温度，在 800～1000℃的高温下仍能保持切削所需的硬度。硬质合金刀具切削一般钢件的切削速度可达 100～300 m/min，可进行高速切削，其缺点是韧性较差、较脆、不耐冲击。硬质合金一般可制成各种形状的刀片，焊接或夹固在刀体上使用。

常用的硬质合金有钨钴和钨钛钴两大类：

(1) 钨钴类(YG)：由碳化钨和钴组成，适用于加工铸铁、青铜等脆性材料。

钨钴类合金常用牌号有 YG3、YG6、YG8 等，后面的数字表示钴含量的百分数，含钴量愈高，其承受冲击的性能就愈好。因此，YG8 常用于粗加工，YG6 和 YG3 常用于半精加工和精加工。

(2) 钨钛钴类(YT)：由碳化钨、碳化钛和钴组成，加入碳化钛可以增加合金的耐磨性，可以提高合金与塑性材料的黏结温度，减少刀具磨损，也可以提高硬度；但韧性差，更脆，承受冲击的性能也较差，一般用来加工塑性材料，如各种钢材。

钨钛钴类合金常用牌号有 YT5、YT15、YT30 等，后面的数字是碳化钛含量的百分数，碳化钛的含量愈高，红硬性愈好；但钴的含量相应愈低，韧性愈差，愈不耐冲击。所以 YT5 常用于粗加工，YT15 和 YT30 常用于半精加工和精加工。

3) 特种刀具材料

(1) 涂层刀具材料：这种材料是韧性较好的硬质合金基体上或高速钢基体上，采用化学气相沉积(CVD)法或物理气相沉积(PVD)法涂覆一薄层硬质和耐磨性极高的难熔金属化合物而得到的刀具材料。常用的涂层材料有 TiC、TiN、Al_2O_3 等。

(2) 陶瓷材料：其主要成分是 Al_2O_3。陶瓷刀片的硬度可达 78HRC 以上，能耐 1200～1450℃的高温，故能承受较高的切削温度。但其缺点是抗弯强度低、怕冲击、易崩刃。该材料主要用于钢、灰铸铁、淬火铸铁、球墨铸铁、耐热合金及高精度零件的精加工。

(3) 金刚石：分为人造金刚石和天然金刚石两种。一般采用人造金刚石作为切削刀具材料，其硬度高，可达 10000 HV(一般的硬质合金仅为 1300 HV～1800 HV)，耐磨性是硬质合金的 80～120 倍。但其韧性较差，对铁族亲和力大，因此一般不适合加工黑色金属，主要用于有色金属及非金属材料的高速精加工。

(4) 立方氮化硼(CBN)：人工合成的一种高硬度材料，其硬度可达 7300 HV～9000 HV，可耐 1300～1500℃的高温，与铁族亲和力小，但其强度低、焊接性差。目前该材料主要用于加工淬硬钢、冷硬铸铁、高温合金和一些难加工的材料。

常用车刀的用途如图 2.9 所示。

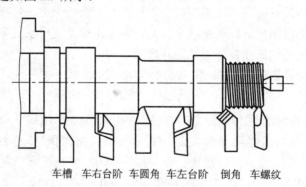

车槽　车右台阶　车圆角　车左台阶　倒角　车螺纹

图 2.9　常用车刀的用途

2.3.2　车刀的组成与主要角度

1. 车刀的组成

车刀由刀头和刀体两部分组成。刀头用于切削，刀体(夹持部分)用于安装。刀头一般由三面(前刀面、主后刀面、副后刀面)、两刃(主切削刃、副切削刃)、一尖(刀尖)组成，如图 2.10 所示。

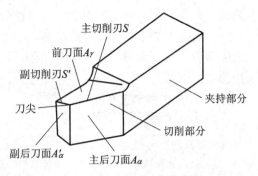

图 2.10 车刀的组成

前刀面：切屑流经过的表面。

主后刀面：与工件切削表面相对的表面。

副后刀面：与工件已加工表面相对的表面。

主切削刃：前刀面与主后刀面的交线，担负主要的切削工作。

副切削刃：前刀面与副后刀面的交线，担负少量的切削工作，起一定的修光作用。

刀尖：主切削刃与副切削刃的相交部分，一般为一小段过渡圆弧。

2. 车刀的主要角度

为了确定车刀的角度，要建立三个坐标平面：基面 P_r、切削平面 P_s 和正交平面 P_o，如图 2.11 所示。

(1) 基面(P_r)：通过切削刃上的一个选定点而垂直于主运动方向的平面。对于车刀，这个选定点就是刀尖，而基面就是过刀尖而与刀柄安装平面平行的平面。

(2) 切削平面(P_s)：通过切削刃上的一个选定点而垂直于基面的平面。对于一般切削刃为直线的车刀，这个平面就是包含切削刃而与刀柄安装平面垂直的平面。

(3) 正交平面(P_o)：通过切削刃选定点并同时垂直于基面和切削平面的平面，也就是经过刀尖并垂直于切削刃在基面上投影的平面。

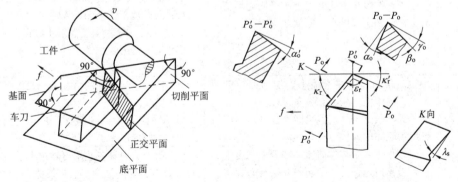

图 2.11 车刀的三个坐标平面   图 2.12 车刀的主要角度

车刀的主要角度有前角(γ_o)、后角(α_o)、主偏角(κ_r)、副偏角(κ'_r)和刃倾(λ_s)，如图 3.12 所示。

前角 γ_o：在主剖面中测量，是前刀面与基面之间的夹角。

后角 α_o：在主剖面中测量，是主后刀面与切削平面之间的夹角。

主偏角 κ_r：在基面中测量，是主切削刃在基面上的投影与进给方向的夹角。

副偏角 κ'_r：在基面中测量，是副切削刃在基面上的投影与进给反方向的夹角。

刃倾角 λ_s：在切削平面中测量，是主切削刃与基面的夹角。

车刀的角度作用和选用原则见表 2.1。

表 2.1　车刀的角度作用和选用原则

刀具角度	角度的作用	选用原则
前角	前角主要影响切屑变形和切削力的大小以及刀具耐用度和加工表面质量的高低。 前角增大，可以使切削变形和摩擦变小，故切削力小，切削热降低，加工表面质量高。但前角过大，刀具强度降低，耐用度下降。 前角减小，可以使刀具强度提高，切屑变形增大，易断屑。但前角过小，会使切削力和切削热增加，刀具耐用度也随之降低	(1) 工件材料：塑形材料选用较大的前角；脆性材料选用较小的前角。 (2) 刀具材料：高速钢选用较大的前角；硬质合金选用较小的前角，可取 $\gamma_o = 10° \sim 20°$。 (3) 加工过程：精加工选用较大的前角；粗加工选用较小的前角
后角	后角的主要功能是减小主后刀面与过渡表面层之间的摩擦，减轻刀具的磨损。 后角减小，可使主后刀面与工件表面间的摩擦加剧，刀具磨损增大，工件冷硬程度增加，加工表面质量差。 后角增大，则摩擦减小，也减小了刃口钝圆半径，对切削厚度较小的情况有利，但使刀刃强度和散热情况变差	(1) 工件材料：工件硬度、强度较高以及脆性材料选用较小的后角。 (2) 加工过程：精加工选用较大的后角；粗加工选用较小的后角。 (3) 一般取 $\alpha_o = 6° \sim 12°$
主偏角	主偏角可影响刀具耐用度、已加工表面粗糙度及切削力的大小。主偏角较小，刀片的强度高，散热条件好。参加切削的主切削刃长度长，作用在主切削刃上的平均切削负荷减小，但切削厚度小，断屑效果差	(1) 工件材料：加工淬火钢等硬质材料时，主偏角较大。 (2) 使用硬质合金刀具进行精加工时，应选用较大的主偏角。 (3) 用于单件小批量生产的车刀时，主偏角应选45°或90°，提高刀具的通用性。 (4) 需要从工件中间切入的车刀，如加工阶梯轴的工件，应根据工件形状选主偏角。 (5) 车刀常用的主偏角有45°、60°、75°、90°等几种，其中多用45°
副偏角	副偏角的作用在于减小副切削刃与已加工表面的摩擦。减小副偏角可以提高刀具强度，改善散热条件，但可能增加副后刀面与已加工表面的摩擦，引起震动	(1) 在不引起震动的情况下，刀具应选择较小的副偏角。 (2 精加工刀具的副偏角应更小一些。 (3) 一般选取 $\kappa'_r = 5° \sim 15°$
刃倾角	刃倾角主要影响切屑流向和刀尖强度。 若刃倾角为正值，则切削开始时刀尖与工件先接触，切屑流向待加工表面，可避免缠绕和划伤已加工表面，对半精车加工、精车加工有利。 若刃倾角为负值，则切削开始时刀尖后接触工件，切屑流向已加工表面，容易将已加工表面划伤；在粗加工开始，尤其是在断续切削时，则可避免刀尖受冲击，起到保护刀尖的作用	(1) 粗加工刀具应选用刃倾角小于0°，使刀具应具有良好的强度和散热条件。 (2) 精加工刀具应选用刃倾角大于0°，使切屑流向待加工表面，以提高加工质量。 (3) 断续切削(如车床的粗加工)应选用刃倾角小于0°，以提高刀具强度。 (4) 工艺系统的整体刚性较差时，应选用数值较大的负刃倾角，以减小震动。 (5) 一般在-5° ~ +5°之间选取

2.3.3 车刀的刃磨

车刀用钝后，必须刃磨，以便恢复它的合理形状和角度。车刀一般在砂轮机上刃磨。磨高速钢车刀用白色氧化铝砂轮，磨硬质合金车刀用绿色碳化硅砂轮。

车刀刃磨时，往往根据车刀的磨损情况，磨削有关的刀面即可。车刀刃磨的一般顺序是：磨主后刀面→磨副后刀面→磨前刀面→磨刀尖圆弧(见图 2.13)。车刀刃磨后，还应用油石细磨各个刀面，这样可有效提高车刀的使用寿命和减小工件表面的粗糙度。

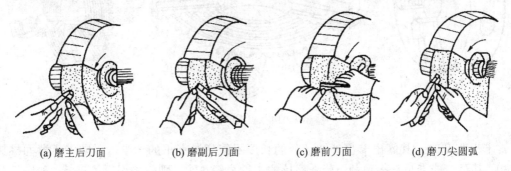

(a) 磨主后刀面   (b) 磨副后刀面   (c) 磨前刀面   (d) 磨刀尖圆弧

图 2.13 车刀的刃磨

刃磨车刀时要注意以下事项：

(1) 刃磨时，两手握稳车刀，刀杆靠于支架，使受磨面轻贴砂轮。切勿用力过猛，以免挤碎砂轮，造成事故。

(2) 应将刃磨的车刀在砂轮圆周面上左右移动，使砂轮磨耗均匀，不出沟槽。避免在砂轮两侧面用力粗磨车刀，以至砂轮受力偏摆、跳动，甚至破碎。

(3) 刀头磨热时，即应沾水冷却，以免刀头因温升过高而退火软化。磨硬质合金车刀时，刀头不应沾水，避免刀片沾水急冷而产生裂纹。

(4) 不要站在砂轮的正面刃磨车刀，以防砂轮破碎时使操作者受伤。

2.4 安装工件及所用附件

在车床上装夹工件的基本要求是定位准确、夹紧可靠。车削时必须把工件夹在车床的夹具上，经过校正、夹紧，使工件在整个加工过程中始终保持正确的位置。在车床上安装工件应使被加工表面的轴线与车床主轴回转轴线重合，保证工件处于正确的位置；同时要将工件夹紧，以防止在切削力的作用下，工件松动或脱落，保证工作安全和加工精度。

在车床上安装工件所用的附件有三爪卡盘、四爪单动卡盘、顶尖、花盘、心轴、中心架和跟刀架等。

2.4.1 三爪卡盘安装工件

车床上安装工件的通用夹具(车床附件)很多，其中三爪卡盘用得最多，如图 2.14 所示。由于三爪卡盘的三个爪是同时移动自行对中的，故适宜安装短棒或盘类工件。反爪用以夹持直径较大的工件。由于制造误差和卡盘零件的磨损等原因，三爪卡盘的定心准确度约为 0.05～0.15 mm。工件上同轴度要求较高的表面，应在一次装夹中车出。

三爪卡盘是靠其连接盘上的螺纹直接旋装在车床主轴上的。

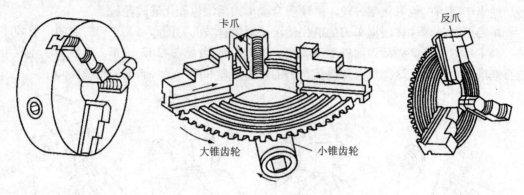

图 2.14　三爪卡盘

卡爪张开时，其露出卡盘外圆部分的长度不能超过卡爪的一半，以防卡爪背面螺旋脱扣，甚至造成卡爪飞出事故。若需夹持的工件直径过大，则应采用反爪夹持，如图 2.15 所示。

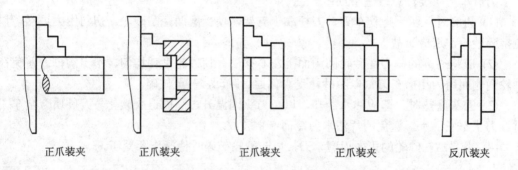

|正爪装夹|正爪装夹|正爪装夹|正爪装夹|反爪装夹|

图 2.15　三爪卡盘安装工件的举例

三爪卡盘安装工件的步骤：

(1) 将工件在卡爪间放正，轻轻夹紧。

(2) 开机，使主轴低速旋转，检查工件有无偏摆，若有偏摆，则应停车，然后轻敲工件纠正，然后拧紧三个卡爪，固紧后，须随即取下扳手，以保证安全。

(3) 移动车刀至车削行程纵向的最左端，用手转动卡盘，检查横向进刀时是否与刀架相撞。

2.4.2　四爪单动卡盘安装工件

1. 四爪单动卡盘的特点

四爪单动卡盘(见图 2.16)有四个互不相关的卡爪(图中 1、2、3、4)，各卡爪的背面有一半瓣内螺纹与一螺杆相啮合。螺杆端部有一方孔，当用卡盘扳手转动某一螺杆时，相应的卡爪即可移动。如将卡爪调转 180° 安装，即成反爪。

四爪单动卡盘由于四个卡爪均可独立移动，因此可安装截面为方形、长方形、椭圆以及其他不规则形状的工件。同时，四爪单动卡盘比三爪卡盘的夹紧力大，所以常用来安装较大的圆形工件。

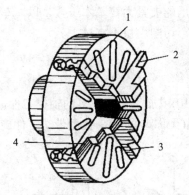

图 2.16　四爪单动卡盘

由于四爪单动卡盘的四个卡爪是独立移动的，在安装工件时须仔细地找正工件，一般用划针盘按工件内外圆表面或预先划出的加工线找正，其定位精度较低，为 0.2～0.5 mm。用百分表按工件精加工表面找正，其定位精度可达 0.01～0.02 mm。

2. 工件的找正

1) 找正外圆

先使划针靠近工件外圆表面，如图 2.17(a)所示，用手转动卡盘，观察工件表面与划针间的间隙大小，然后根据间隙大小调整卡爪位置，调整到各处间隙均等为止。

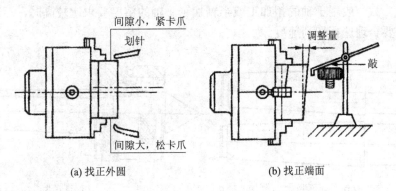

(a) 找正外圆　　　　　　　　　　(b) 找正端面

图 2.17　找正工件示意图

2) 找正端面

先使划针靠近工件的边缘处，如图 2.17(b)所示，用手转动卡盘，观察工件端面与划针的间隙大小，然后根据间隙大小调整工件端面，调整时可用铜锤或铜棒敲击工件端面，调整到各处间隙均等为止。

3. 使用四爪单动卡盘时的注意事项

(1) 夹持部分不宜过长，一般为 10～15 mm 比较适宜。

(2) 为防止夹伤工件，装夹已加工表面时应垫铜皮。

(3) 找正时应在导轨上垫上模板，以防工件掉下砸伤床面。

(4) 找正时不能同时松开两个卡爪，以防工件掉下。

(5) 找正时主轴应放在空挡位置，使卡盘转动轻便。

(6) 工件找正后，四个卡爪的夹紧力要基本一致，以防车削过程中工件发生位移。

(7) 当装夹较大的工件时，切削用量不宜过大。

2.4.3 双顶尖安装工件

较长的(长径比 $L/D = 4\sim10$)或加工工序较多的轴类工件，常采用双顶尖安装。工件装夹在前、后顶尖之间，由卡箍(又称鸡心夹)、拨盘带动工件旋转，如图 2.18 所示。

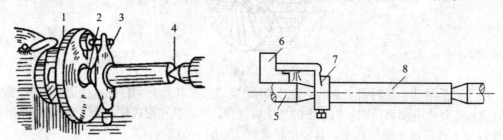

1—拨盘；2、5—前顶尖；3、7—鸡心夹；4—后顶尖；6—卡爪；8—工件

图 2.18　双顶尖安装工件

常用的顶尖有普通顶尖(死顶尖)和活顶尖两种，如图 2.19 所示。在高速切削时，为了防止后顶尖与中心孔由于摩擦发热过大而磨损或烧坏，常采用活顶尖。活顶尖的准确度不如死顶尖高，故一般用于轴的粗加工或半精加工。轴的精度要求比较高时，后顶尖也应用死顶尖，但要合理选择切削速度。

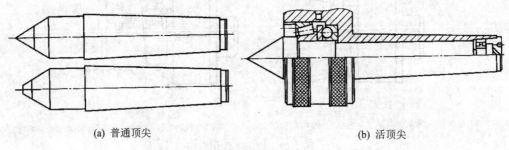

(a) 普通顶尖　　　　　　　　　　　　(b) 活顶尖

图 2.19　顶尖

1. 中心孔的作用及结构

中心孔是轴类工件在顶尖上安装的定位基面。中心孔的 60° 锥孔与顶尖上的 60° 锥面相配合，为保证锥孔与顶尖锥面配合贴切，里端的小圆孔可存储少量润滑油(黄油)。

常见的中心孔分为 A 型和 B 型(见图 2.20)。A 型中心孔只有 60° 锥孔。B 型中心孔外端的 120° 锥面又称保护锥面，用以保护 60° 锥孔的外缘不被碰坏。A 型和 B 型中心孔分别用相应的中心钻在车床或专用机床上加工。加工中心孔之前应先将轴的端面车平，以防止中心钻折断。

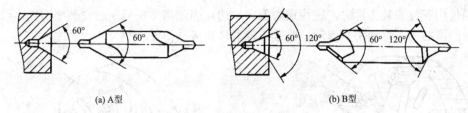

(a) A型   (b) B型

图 2.20   中心钻与中心孔

2. 顶尖的安装与校正

顶尖尾端锥面的圆锥角较小，所以前、后顶尖是利用尾部锥面分别与主轴锥孔和尾架套筒锥孔的配合而装紧的。因此，安装顶尖时必须先擦净顶尖锥面和锥孔，然后用力推紧，否则装不正也装不牢。

校正时，将尾架移向主轴箱，使前、后两顶尖接近，检查其轴线是否重合。如不重合，需将尾架体作横向调节，使之符合要求；否则，车削的外圆将成锥面。

在两顶尖上安装轴件，两端是锥面定位，安装工件方便，不需校正，定位精度较高，经过多次调头或装卸，工件的旋转轴线不变，仍是两端 60° 锥孔的连线。因此，可保证在多次调头或装卸中所加工的各个外圆有较高的同轴度。

2.4.4   卡盘和顶尖配合装夹工件

由于双顶尖装夹刚性较差，因此车削轴类零件，尤其是较重的工件时，常采用一夹一顶装夹。为了防止工件轴向位移，须在卡盘内装一限位支撑，如图 2.21(a)所示，或利用工件的台阶作限位，如图 2.21(b)所示。由于一夹一顶装夹刚性好，轴向定位准确，且比较安全，能承受较大的轴向切削力，因此应用广泛。

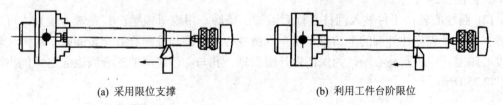

(a) 采用限位支撑   (b) 利用工件台阶限位

图 2.21   一夹一顶装夹工件

2.4.5   花盘安装工件

花盘是安装在车床主轴上的一个大圆盘，其端面有许多长槽，用以穿放螺栓、压紧工件。花盘的端面须平整且与主轴中心线垂直。

花盘安装适于不能用卡盘装夹且形状不规则或大而薄的工件。当零件上需加工的平面相对于安装平面有平行度要求或加工的孔和外圆的轴线相对于安装平面有垂直度要求时，可以把工件用压板、螺栓安装在花盘上加工，如图 2.22 所示。当零件上需加工的平面相对于安装平面有垂直度要求或需加工的孔和外圆的轴线相对于安装平面有平行度要求时，可以用花盘、角铁(弯板)安装工件，如图 2.23 所示。角铁要有一定的刚度，用于贴靠花盘及安放工件的两个平面，应有较高的垂直度。

　　当使用花盘安装工件时，往往重心偏向一边，因此需要在另一边安装平衡铁，以减小旋转时的离心力不均而引起震动，并且主轴的转速应选得低一些。

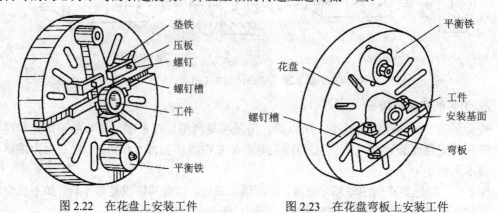

图 2.22　在花盘上安装工件　　　　　　　图 2.23　在花盘弯板上安装工件

2.4.6　心轴安装工件

　　盘套类零件其外圆、内孔往往有同轴度要求，与端面有垂直度要求。因此，加工时要求在一次装夹中全部加工完毕，而实际生产中往往无法做到。如果把零件调头装夹再加工，则无法保证其位置精度要求，因此，可利用心轴安装进行加工。这时先加工孔，然后以孔定位，安装在心轴上，再把心轴安装在前、后顶尖之间来加工外圆和端面。心轴可分为锥度心轴和圆柱心轴。

　　(1) 锥度心轴：其锥度为 1∶2000～1∶5000。工件压入后，靠摩擦力与心轴固紧。锥度心轴对中准确，装夹方便，但不能承受较大的切削力，多用于盘套类零件外圆和端面的精车，如图 2.24 所示。

　　(2) 圆柱心轴：工件装入圆柱心轴后需加上垫圈，用螺母锁紧。其夹紧力较大，可用于较大直径盘类零件外圆的半精车和精车。圆柱心轴外圆与孔配合有一定间隙，对中性较锥度心轴差。使用圆柱心轴，为保证内外圆同轴，孔与心轴之间的配合间隙应尽可能小，如图 2.25 所示。

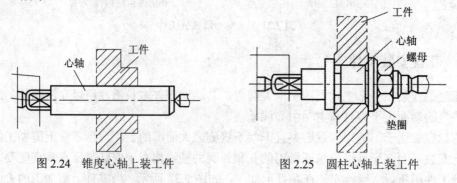

图 2.24　锥度心轴上装工件　　　　　　　图 2.25　圆柱心轴上装工件

2.4.7　中心架和跟刀架的应用

　　加工细长轴(长径比 $L/D>15$)时，为了防止工件受径向切削力的作用而产生弯曲变形，常用中心架或跟刀架作为辅助支撑，以增加工件刚性。

1. 中心架

中心架固定在床身导轨上，有三个独立移动的支撑爪，可用紧固螺钉予以固定。使用时，将工件安装在前、后顶尖上，先在工件支撑部位精车一段光滑表面，再将中心架紧固于导轨的适当位置，最后调整三个支撑爪，使之与工件支撑面接触，并调整至松紧适宜。

如图 2.26 所示，中心架的应用有两种情况：

(1) 加工细长阶梯轴的各外圆，一般将中心架支撑在轴的中间部位，先车右端各外圆，调头后再车另一端的外圆。

(2) 加工长轴或长筒的端面，以及端部的孔和螺纹等，可用卡盘夹持工件左端，用中心架支撑右端。

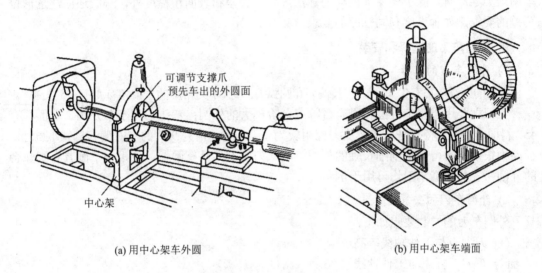

(a) 用中心架车外圆　　　　　　　　　　　　　(b) 用中心架车端面

图 2.26　中心架的应用

2. 跟刀架

跟刀架固定在大拖板侧面上，随刀架作纵向运动。跟刀架有两个支撑爪，紧跟在车刀后面起辅助支撑作用。因此，跟刀架主要用于细长光轴的加工。使用跟刀架时需先在工件右端车削一段外圆，根据外圆调整两支撑爪的位置和松紧，然后即可车削光轴的全长，如图 2.27 所示。

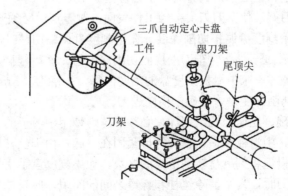

图 2.27　跟刀架的应用

使用中心架和跟刀架时，工件转速不宜过高，并需对支撑爪加注机油滑润。

2.5　车削加工工艺

2.5.1　车外圆

1. 车外圆的特点

将工件装夹在卡盘上作旋转运动，车刀安装在刀架上作纵向移动，就可车出外圆柱面。车削这类零件时，除了要保证图样的标注尺寸、公差和表面粗糙度外，一般还应注意形位公差的要求，如垂直度和同轴度的要求。

2. 外圆车刀的选择和安装

1) 外圆车刀的选择

常用的外圆车刀有尖刀、弯头刀、偏刀和圆弧刀。外圆车刀常用的主偏角有45°、75°、90°。

尖刀主要用于粗车外圆和没有台阶或台阶不大的外圆；弯头刀用于车外圆、端面和有45°斜面的外圆，特别是45°弯头刀应用较为普遍；主偏角为90°的左右偏刀，车外圆时，径向力很小，常用来车削细长轴的外圆；圆弧刀的刀尖具有圆弧，可用来车削具有圆弧台的外圆。各种外圆车刀均可用于倒角。

2) 外圆车刀的安装

外圆车刀的安装要点如下：

(1) 刀尖应与工件轴线等高。

(2) 车刀刀杆应与工件轴线垂直。

(3) 刀杆伸出刀架不宜过长，一般为刀杆厚度的1.5～2倍。

(4) 刀杆垫片应平整，尽量用厚垫片，以减少垫片数量。

(5) 车刀位置调整好后应紧固。

3. 车外圆操作步骤

车刀和工件在车床上安装以后，即可开始车削加工。在加工中必须按照如下步骤进行：

(1) 选择主轴转速和进给量，调整有关手柄位置。

(2) 对刀，移动刀架，使车刀刀尖接触工件表面，对零点时必须开车。

(3) 对完刀后，用刻度盘调整切削深度。在用刻度盘调整切深时，应了解中滑板刻度盘的刻度值，就是每转过一小格时车刀的横向切削深度值。然后根据切深，计算出需要转过的格数。CA6140卧式车床中滑板刻度盘的刻度值每一小格为0.1 mm(直径的变动量)。

(4) 试切，检查切削深度是否准确，横向进刀。

车削工件时要准确、迅速地控制切深，必须熟练地使用中滑板的刻度盘。中滑板刻度盘装在横丝杠轴端部，中滑板和横丝杠的螺母紧固在一起。由于丝杠与螺母之间有一定的间隙，进刀时必须慢慢地将刻度盘转到所需的格数。如果刻度盘手柄摇过了头，或试切后发现尺寸太小而须退刀时，为了消除丝杠和螺母之间的间隙，应反转半周左右，再转至所需的刻度值上，如图2.28所示。

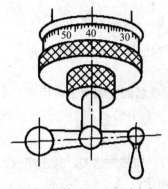 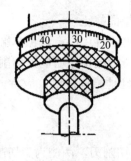 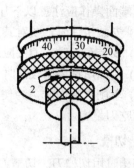

(a) 要求手柄转至30，但摇过头成40　　(b) 错误：直接退至30　　(c) 正确：反转约一圈后再转至所需位置30

图 2.28　手柄摇过头后的纠正方法

(5) 纵向自动进给车外圆。

(6) 测量外圆尺寸。

对刀、试切、测量是控制工件尺寸精度的必要手段，是车床操作者的基本功，一定要熟练掌握。

2.5.2　车端面、切槽和切断

1. 车端面

对于既车外圆又车端面的场合，常使用弯头车刀和偏刀来车削端面，如图 2.29 所示。其中图(a)所示的弯头车刀是用主切削刃担任切削，适用于车削较大的端面；图(b)是用 90°偏刀从外向里车削端面，用车外圆时的副切削刃担任切削，副切削刃的前角较小，切削力较大，从里向外车削端面，便没有这个缺点，不过工件必须有孔才行，见图(c)。图(d)是用左偏刀车端面，刀头强度较好，适宜车削较大端面，尤其是铸、锻件的大端面。

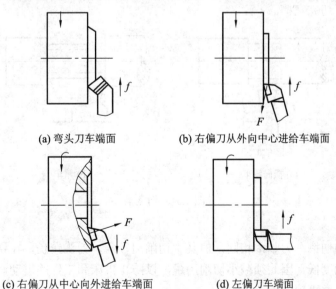

(a) 弯头刀车端面　　　　(b) 右偏刀从外向中心进给车端面

(c) 右偏刀从中心向外进给车端面　　　　(d) 左偏刀车端面

图 2.29　车端面

车端面操作应注意以下几点：

(1) 安装工件时，要对其外圆及端面找正；

(2) 安装车刀时，刀尖应严格对准工件中心，以免车端面时出现凸台，崩坏刀尖；

(3) 端面质量要求较高时，最后一刀应由中心向外切削；

(4) 车削大端面时，为使车刀准确地横向进给，应将大溜板紧固在床身上，用小刀架调整背吃刀量。

2. 切槽

切槽时用切槽刀。切槽刀前为主切削刃，两侧为副切削刃。安装切槽刀，其主切削刃应平行于工件轴线，主刀刃与工件轴线同一高度，如图 2.30 所示。

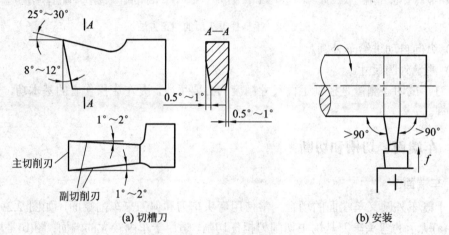

(a) 切槽刀   (b) 安装

图 2.30 切槽刀及安装

切 5mm 以下窄槽时，主切削刃宽度等于槽宽，横向走刀一次将槽切出。切宽槽可按如图 2.31 所示，主切削刃宽度小于槽宽，分几次横向走刀，切出槽宽；切出槽宽后，纵向走刀精车槽底，切完宽槽。

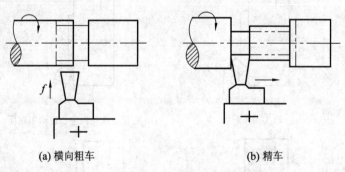

(a) 横向粗车   (b) 精车

图 2.31 切宽槽

3. 切断

切断车刀和切槽车刀基本相同，但其主切削刃较窄，刀头较长。在切断过程中，散热条件差，刀具刚度低，因此须减小切削用量，以防止机床和工件的震动。

切断操作注意事项如下：

(1) 切断时，工件一般用卡盘夹持，切断处应靠近卡盘，以免引起工件震动。

(2) 安装切断刀时，刀尖要对准工件中心，刀杆与工件轴线垂直，刀杆不能伸出过长，但必须保证切断时刀架不碰卡盘。

(3) 切断时应降低切削速度，并应尽可能减小主轴和刀架滑动部分的配合间隙。

(4) 手动进给要均匀，快切断时，应放慢进给速度，以免刀头折断。

(5) 切断工件时，需加切削液。

2.5.3 孔加工

在车床上可以使用钻头、扩孔钻、铰刀等定尺寸刀具加工孔，也可以使用内孔车刀镗孔。内孔加工相对于外圆加工来说，由于在观察、排屑、冷却、测量及尺寸的控制方面都比较困难，而且刀具形状、尺寸又受内孔尺寸的限制，刚性较差，使内孔加工的质量受到影响。同时，由于加工内孔时不能用顶尖支撑，因而装夹工件的刚性也较差。另外，在车床上加工孔时，工件的外圆和端面应尽可能在一次装夹中完成，这样才能靠机床的精度来保证工件内孔与外圆的同轴度、工件孔的轴线与端面的垂直度。因此，在车床上适合加工轴类、盘类中心位置的孔，以及小型零件上的偏心孔，而不适合加工大型零件和箱体、支架类零件上的孔。

1. 镗孔

镗孔(见图 2.32)是对锻出、铸出或钻出孔的进一步加工，镗孔可以扩大孔径，提高精度，减小表面粗糙度，也可以较好地纠正原来孔轴线的偏斜。镗孔分为粗镗、半精镗和精镗。精镗孔的尺寸精度可达 IT8～IT7，表面粗糙度 Ra 值可达 1.6～0.8 μm。

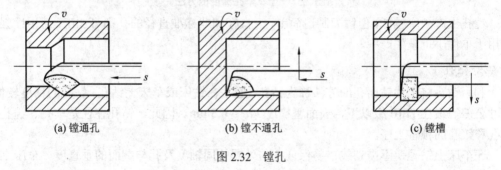

(a) 镗通孔　　　　　　　(b) 镗不通孔　　　　　　　(c) 镗槽

图 2.32　镗孔

1) 常用镗刀

(1) 通孔镗刀。镗通孔用普通镗刀，为减小径向切削分力，以减小刀杆弯曲变形，一般主偏角为 45°～75°，常取 60°～70°。

(2) 不通孔镗刀。镗台阶孔和不通孔用的镗刀，其主偏角大于 90°，一般取 95°。

2) 镗刀的安装

(1) 刀杆伸出刀架处的长度应尽可能短，以增加刚性，避免因刀杆弯曲变形而使孔产生锥形误差。

(2) 刀尖应略高于工件旋转中心，以减小震动和扎刀现象，防止镗刀下部碰坏孔壁，影响加工精度。

(3) 刀杆应尽可能粗一些，要装正，不能歪斜，以防止刀杆碰坏已加工表面。

3) 工件的安装

(1) 铸孔或锻孔毛坯工件在装夹时一定要根据内外圆进行校正，既要保证内孔有加工余量，又要保证工件与非加工表面的相互位置要求。

(2) 装夹薄壁孔件时，不能夹得太紧，否则，加工后的工件会产生变形，影响镗孔精度。对于精度要求较高的薄壁孔类零件，在粗加工之后、精加工之前，稍将卡爪放松，但夹紧力要大于切削力，再进行精加工。

4) 镗孔方法

由于镗刀刀杆刚性差，加工时容易产生变形和震动，为了保证镗孔质量，精镗时一定要采用试切方法，并选用比精车外圆更小的背吃刀量 a_p 和进给量 f，多次走刀，以消除孔的锥度。

镗台阶孔和不通孔时，应在刀杆上用粉笔、铜片或划针作记号，如图 2.33 所示，以控制镗刀进入的深度。

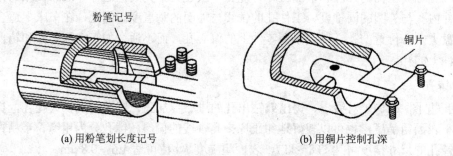

(a) 用粉笔划长度记号　　　　　　　　　　(b) 用铜片控制孔深

图 2.33　控制车孔深度的方法

镗孔生产效率较低，但镗刀制造简单，大直径和非标准直径的孔都可加工，通用性强，多用于单件小批量生产中。

2. 钻孔

利用钻头将工件钻出孔的方法称为钻孔。通常在钻床或车床上钻孔。钻孔的精度较低，尺寸公差等级在 IT10 级以下，表面粗糙度 $Ra = 6.3\ \mu m$。因此，钻孔往往是车孔、镗孔、扩孔和铰孔的预备工序。

在车床上钻孔，不需划线，易保证孔与外圆的同轴度及孔与端面的垂直度。车床上钻孔的操作步骤如下：

(1) 车端面。钻中心孔便于钻头定心，可防止孔钻偏。

(2) 装夹钻头。锥柄钻头直接装在尾架套筒的锥孔内，直柄钻头装在钻夹头内，把钻夹头装在尾架套筒的锥孔内，要擦净后再装入。

(3) 调整尾架位置。松开尾架与床身的紧固螺栓螺母，移动尾架，使钻头进给至所需长度，固定尾架。

(4) 开车钻削。尾架套筒手柄松开后(但不宜过松)，开动车床，均匀地摇动尾架套筒手轮钻削。刚接触工件时，进给要慢一些；切削中要经常退回；钻透时，进给也要慢一些，退出钻头后再停车。

一般直径在 $\phi 30\ mm$ 以下的孔可用麻花钻直接在实心的工件上钻孔。若直径大于 $\phi 30\ mm$，则先用 $\phi 30\ mm$ 以下的钻头钻孔后，再用所需尺寸钻头扩孔。

3. 扩孔

扩孔就是把已用麻花钻钻好的孔再扩大到所需尺寸的加工方法。一般单件低精度的孔，可直接用麻花钻扩孔；精度要求高、成批加工的孔，可用扩孔钻扩孔。扩孔钻的强度比麻花钻高，进给量可适当加大，生产效率更高。

4. 铰孔

铰孔是利用定尺寸多刃刀具高效率、成批精加工孔的方法，钻一扩一铰联用，是精加工的典型方法之一，多用于成批生产或单件、小批量生产中细长孔的加工。

2.5.4 车圆锥面

在机械制造中，除采用圆柱体和内圆柱面作为配合表面外，还常用圆锥体和内锥面作为配合面。例如，车床主轴孔与顶尖的配合，尾架套筒的锥孔和顶尖、钻头锥柄的配合等。圆锥体与内锥面相配具有配合紧密、拆装方便以及多次拆装仍能保持精确的定心作用等优点。

1. 圆锥的参数

圆锥表面有 5 个参数，如图 2.34 所示，α 为锥体的锥角；l 为锥体的轴向长度(mm)；D 为锥体大端直径(mm)；d 为锥体小端直径(mm)；K 为锥体斜度($K = C/2$，C 为锥体的锥度)。

这 5 个参数之间的互相关系可表示为

$$圆锥的锥度：C = \frac{D-d}{l} = 2\tan\frac{\alpha}{2}$$

$$圆锥的斜度：K = \frac{D-d}{2l} = \tan\frac{\alpha}{2}$$

锥体用锥度表示，如 1：5、1：10、1：20 等。特殊用途的锥体根据需要专门制定，例如，7：24、莫氏锥度等。

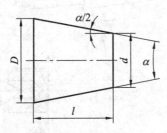

图 2.34　锥体主要尺寸

2. 车圆锥面的方法

车圆锥面的方法有四种：转动小拖板法、偏移尾架法、靠尺法和宽刀法。

1) 转动小拖板法(小刀架转位法)

根据零件的圆锥角(α)，把小刀架下的转盘顺时针或逆时针扳转一个圆锥角($\alpha/2$)，再把螺母固紧，用手缓慢而均匀地转动小刀架手柄，车刀则沿着锥面的母线移动，如图 2.35 所示，从而加工出所需要的锥面。

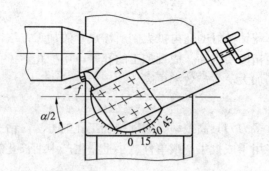

图 2.35 转动小拖板法车锥面

此法车锥面操作简单，可以加工任意锥角的内、外锥面，但因受小刀架行程的限制，不能加工较长的锥面，并且需手动进给，劳动强度较大，表面粗糙度 Ra 值为 6.3～1.6 μm。该方法适用于单件小批生产中车削精度较低和长度较短的圆锥面。

2) 偏移尾架法

尾架主要由尾架体和底座两大部分组成。底座靠压板和固定螺钉紧固在床身上，尾架体可在底座上横向调节。当松开固定螺钉而拧动两个调节螺钉时，可使尾架体在横向移动一定距离。

如图 2.36 所示，工件安装在前后顶尖之间，将尾架体相对底座在横向向前或向后偏移一定距离 S，使工件回转轴线与车床主轴轴线的夹角等于工件圆锥角(α)，当刀架自动或手动纵向进给时，即可车出所需的锥面。

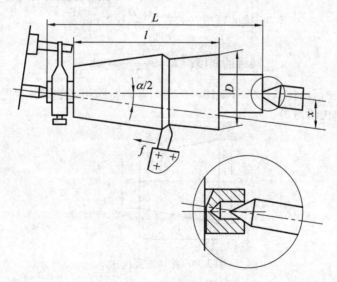

图 2.36 偏移尾座法车锥面

尾架偏移距离 S 为

$$S = L \times \frac{C}{2} = L \times \frac{D-d}{2l} = L \tan \frac{\alpha}{2}$$

式中：D、d——锥体大端和小端直径；

L——工件总长度；

　　　l——锥度部分轴向长度。

　　此法可以加工较长的锥面，并能采用自动进给，表面加工质量较高，表面粗糙度值小($Ra = 6.3 \sim 1.6~\mu m$)。但其也存在明显的缺点：因受尾架偏移量的限制，只能车削工件圆锥斜角 $\alpha < 8°$ 的外锥面；又因顶尖在中心孔内是歪斜的，接触不良，磨损不均匀，孔变得不圆，导致在加工锥度较大的斜面时，影响加工精度。偏移尾架法车圆锥面时最好使用球顶尖，以保持顶尖与中心孔有良好的接触状态。该方法适用于单件和成批生产中加工锥度较小、长度较长的外圆锥面。

　　3) 靠尺法(机械靠模法)

　　靠尺装置一般要自制，也有作为车床附件供应的。

　　机械靠模装置的底座固定在床身的后侧面，如图 2.37 所示。底座上装有靠模尺，靠模尺可以根据需要扳转一个斜角(α)。使用靠模时，需将中滑板上螺母与横向丝杆脱开，并把长板与滑块连接在一起，滑块可以在靠模尺的导轨上自由滑动。这样，当大拖板作自动或手动纵向进给时，中滑板与滑块一起沿靠模尺方向移动，即可车出圆锥斜角为 α 的锥面。加工时，小刀架需扳转 90°，以便调整刀的横向位置和进切深。

　　靠尺法可加工较长的内、外锥面，圆锥斜度不大，一般 $\alpha < 12°$，若圆锥斜度太大，中滑板由于受到靠模尺的约束，纵向进给会产生困难；能采用自动进给，锥面加工质量较高，表面粗糙度值 Ra 可达 $6.3 \sim 1.6~\mu m$。该方法适用于成批和大量生产中加工锥度小、长度较长的内、外圆锥面。

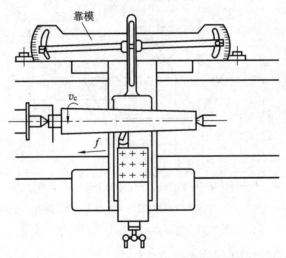

图 2.37　机械靠模法车圆锥

　　4) 宽刀法(样板刀法)

　　宽刀(样板刀)车削圆锥面，是指依靠车刀主切削刃垂直切入，直接车出圆锥面，如图 2.38 所示。宽刀刀刃必须平直，刃倾角为零，主偏角等于工件的圆锥斜角(α)；安装车刀时，必须保持刀尖与工件回转中心等高；加工的圆锥面不能太长，要求机床-工件-刀具系统必须具有足够的刚度；加工的生产率高，工件表面粗糙度值 Ra 可达 $6.3 \sim 1.6~\mu m$。此法适用于大批量生产中加工锥度较大、长度较短的内、外圆锥面。

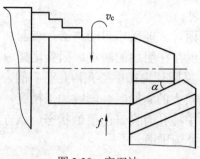

图 2.38　宽刀法

2.5.5　车螺纹

螺纹零件广泛应用于机械产品，螺纹零件的功能是连接和传动。例如，车床主轴与卡盘的连接，方刀架上螺钉对刀具的紧固，丝杠与螺母的传动等。螺纹的种类很多，按牙型分有三角螺纹、梯形螺纹、方牙螺纹等。各种螺纹又有右旋、左旋和单线、多线之分，其中以单线、右旋的普通螺纹应用最广。

1. 螺纹的基本知识

普通螺纹各部分的名称代号如图 2.39 所示，大写字母为内螺纹各部分名称代号，小写字母为外螺纹各部分名称代号。

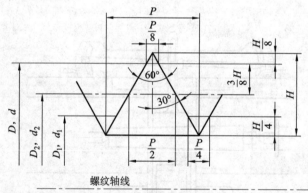

D—内螺纹的大径(公称直径)；d—外螺纹的大径(公称直径)；D_2—内螺纹中径；d_2—外螺纹中径；

D_1—内螺纹小径；d_1—外螺纹小径；P—螺距；H—原始三角形高度

图 2.39　普通螺纹各部分名称代号

$D(d)$：大径(公称直径)，单位为 mm。

D_2：中径，它是平分螺纹理论高度 H 的假想圆柱的直径。在中径处螺纹牙厚与牙槽宽相等。$D_2(d_2) = D(d) - 0.6495P$。

d_1：小径，$D_1(d_1) = D(d) - 1.082P$

P：螺距，是相邻两牙在轴线方向对应点的距离。公制螺纹螺距单位用 mm 表示，英制螺纹螺距单位用每英寸长度的牙数 D_p 表示，D_p 称为节径，螺距 P 与节径 D_p 的关系为

$$P = \frac{2.54}{D_p} \ (\text{mm})$$

α：牙型角，是螺纹轴向剖面上相邻两牙侧之间的夹角。普通公制螺纹的牙型角为 $60°$，英制螺纹的牙型角为 $55°$。

n：线数(头数)，是同一螺纹上螺旋线的根数。

L：导程，$L = nP$。当 $n = 1$ 时，$P = L$。一般三角螺纹为单线，螺距即为导程。

内、外螺纹总是成对使用的，内、外螺纹能否配合以及配合的松紧程度，主要取决于牙型角 α、螺距 P 和中径 $D_2(d_2)$ 三个基本要素的精度。

2. 螺纹的车削加工

1) 传动原理

车削螺纹时，为了获得准确的螺纹，必须用丝杠带动刀架进给，使工件每转一周，刀具移动的距离等于螺距。

2) 螺纹车刀及安装

牙型角 α 的保证，取决于螺纹车刀的刃磨和安装。

螺纹车刀刃磨的要求：

(1) 车刀的刀尖角等于螺纹轴向剖面的牙型角 α；

(2) 前角 $\gamma_o = 0°$，粗车螺纹为了改善切削条件，可用有正前角的车刀($\gamma_o = 5° \sim 20°$)。

螺纹车刀安装的要求：

(1) 刀尖必须与工件旋转中心等高。

(2) 刀尖角的平分线必须与工件轴线垂直。因此，要用对刀样板对刀，如图 2.40 所示。

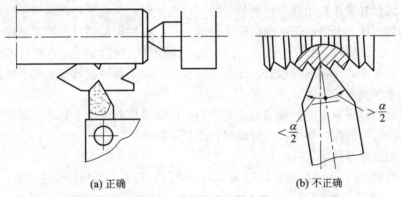

(a) 正确   (b) 不正确

图 2.40 外螺纹车刀的安装

3) 机床调整及安装

车刀装好后，应对机床进行调整，根据工件螺距的大小来查找车床标牌，选定进给箱手柄位置，脱开光杠进给机构，改由丝杠传动。选取较低的主轴转速，以便切削顺利，并有充分时间退刀。为使刀具移动均匀、平稳，须调整横溜板导轨间隙和小刀架丝杠与螺母的间隙。

在车削过程中，工件对主轴如有微小的松动，就会导致螺纹形状或螺距的不准确，因此工件必须装夹牢固。

4) 操作方法

(1) 车螺纹的操作步骤。

以车削外螺纹为例，如图 2.41 所示，这种方法称为正反车法，适于加工各种螺纹。

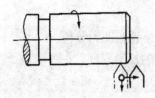

1. 开车，使车刀与工件轻微接触，记下刻度盘读数，向右退出车刀

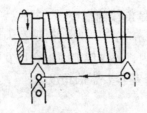

2. 合上开合螺母，在工件表面上车出一条螺旋线，横向退出车刀

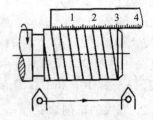

3. 开反车把车刀退到工件右端，停车，用钢尺检查螺距是否正确

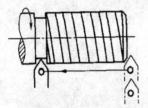

4. 利用刻度盘调整切削深度，开车切削

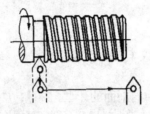

5. 车刀将至行程终了时，应做好退刀停车准备，先快速退出车刀，然后开反车退回刀架

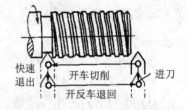

6. 再次横向进刀，继续切削

图 2.41　螺纹的车削方法与步骤

如果车床丝杠螺距是工件导程的整倍数，可在正车时，按下开合螺母手柄车螺纹，车至螺纹终端处，抬起开合螺母手柄则停止进给，转动大拖板手柄将车刀退至螺纹加工的起始位置(不用反车退刀)，接着进行下一步车削。这种方法为抬闸法。在粗车螺纹时，用这种方法可提高效率。在精车螺纹时，还是用反车退刀，不要抬起开合螺母手柄，这样容易控制加工尺寸和表面粗糙度。

车内螺纹的方法与车外螺纹的方法基本相同，只是横向进给手柄的进退和转向不同而已。对于直径较小的内、外螺纹，可用丝锥或板牙攻出。

车螺纹的注意事项如下：

① 切削螺纹时，应及时退刀，以防车刀与工件台阶或卡盘相撞而引发事故。

② 加工过程中不能用手摸螺纹表面，更不能用纱布或抹布擦拭螺纹表面。

(2) 车削普通螺纹的进刀方法。

螺纹的车削方法分低速车削法和高速车削法两种。

① 低速车削普通螺纹。

低速车削螺纹时，一般都选用高速钢车刀。低速车削螺纹精度高，表面粗糙度值小，但车削效率低。低速车削时，应根据车床和工件的刚性、螺距的大小，选择不同的进给方法。

低速车削普通螺纹的进刀方法有以下三种：

a. 直进法。车削时，在每次往复行程后，车刀沿横向进给，通过多次行程，把螺纹车削成形，如图 2.42(a)所示。

采用直进法车削，容易获得较准确的牙型，但车刀两刃同时车削，切削力较大，容易产生震动和扎刀现象，因此常用于车削螺距小于 3 mm 的三角形螺纹。

b. 左右切削法。车削过程中，在每次往复行程后，除了横向进刀外，同时利用小拖板使车刀向左或向右作微量进给(俗称赶刀)，这样重复几次行程即可将螺纹车削成形，如图2.42(b)所示。

采用左右切削法车削，车刀单刃车削，不仅排削顺利，而且还不易扎刀，精车时，车刀左右进给量一般应小于 0.05 mm，否则易造成牙底过宽或牙底不平。

c. 斜进法。粗车时，为了操作方便，在每次往复行程后，除中滑板横向进给外，小拖板只向一个方向作微量进给，这样往复几次行程即可将螺纹车削成形，如图 2.42(c)所示。

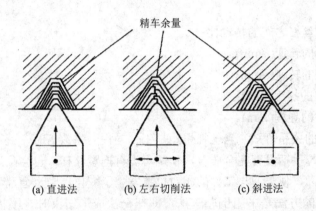

图 2.42　低速车削三角螺纹的进刀方法

斜进法也是单刃车削，不仅排削顺利，不易扎刀，且操作方便，适于粗车；精车时必须用左右切削法才能保证螺纹精度。

② 高速车削普通螺纹。

高速车削普通螺纹时，用硬质合金车刀，只能采用直进法，而不能采用左右切削法，否则高速排出的切屑会把螺纹另一侧拉毛。高速直进法车削，切削力较大，为了防止震动和扎刀，可以使用弹性刀杆螺纹车刀。另外，高速车削普通螺纹时，由于车刀的挤压，易使工件胀大，因此车削外螺纹前的工件直径一般比公称直径要小(约小 0.13P)。

(3) 车削普通螺纹时切削用量的选择。

车削螺纹时切削用量的选择主要是背吃刀量和切削速度的选择，应根据工件材料、螺距的大小以及所处的加工位置等因素来决定。

选择切削用量的原则是：

① 根据切削要求选择。前几次的进给量可大一些，以后每次进给切削用量应逐渐减小，精车时，背吃刀量应更小。切削速度应选低一些，粗车时 v_c = 10～15 m/min；每次切深 0.15 mm 左右，最后留精车余量 0.2 mm。精车时，v_c = 6 m/min。每次进刀 0.02～0.05 mm，总切深为 1.08P。

② 根据切削状况选择。车外螺纹时切削用量可大一些，车内螺纹时，由于刀杆刚性差，切削用量应小一些。在细长轴上加工螺纹时，由于工件刚性差，切削用量应适当减小。车螺距较大的螺纹时，进给量较大，所以，背吃刀量和切削速度应适当减小。

③ 根据工件材料选择。加工脆性材料(铸铁、黄铜等)，切削用量可小一些，加工塑性材料(钢等)，切削用量可大一些。

④ 根据进给方式选择。用直进法车削，因为切削面积大，刀具受力大，所以切削用量应小一些；若用左右切削法，则切削用量可大一些。

(4) 乱牙及其预防方法。

无论车削哪一种螺纹，都要经过几次进给才能完成。车削时，车刀偏离了前一次行程车出的螺旋槽，而把螺纹车乱的现象为乱牙。公式为

$$i = \frac{n_{丝}}{n_{工}} = \frac{L_{工}}{P_{丝}}$$

式中，i——主轴到丝杠之间的传动比；

　　　$n_{丝}$——丝杠的转速(r/min)；

　　　$n_{工}$——工件的转速(r/min)；

　　　$P_{丝}$——丝杠的螺距(mm)；

　　　$L_{工}$——工件的导程(mm)。

由转速和螺距的关系可知，当丝杠螺距是工件导程的整数倍时，就不会乱牙，否则会乱牙；如果开合螺母手柄没有完全压合，使螺母没有抱紧丝杠，也会乱牙；若车刀重磨后重新安装，没有对刀，使车刀与工件的相对位置发生了变化，则也会乱牙。

通常预防乱牙的方法是采用倒顺车法，即在一次成形结束时，不抬起开合螺母，把车刀沿径向退出后，将主轴反转，使车刀沿纵向退回，再进行第二次行程，这样往复过程中，因主轴、丝杠和刀架之间的传动链始终没有脱开，车刀就不会偏离原来的螺旋槽而乱牙。

采用倒顺车法时，主轴换向不能太快，否则会使机床的传动件受冲击而损坏，在卡盘处应按有保险装置，以防主轴反转时卡盘脱落。

此外还应注意以下几点：

① 调整中小刀架的间隙(调镶条)，不要过紧或过松，以移动均匀、平稳为好。

② 如从顶尖上取下工件度量，不能松下卡箍，在重新安装工件时要使卡箍与拨盘(或卡盘)的相对位置与原来的位置保持一样。

③ 在切削过程中，如果换刀，则应重新对刀。对刀是指闭合开合螺母，移动小刀架，使车刀落入原来的螺纹槽中。因为传动系统有间隙，所以对刀须在车刀沿切削方向走一段，停车后再进行。

(5) 螺纹的测量。

对螺纹而言主要测量螺距、牙型角和螺纹中径。因为螺距是由车床的运动关系来保证的，所以用钢尺测量即可；牙型角是由车刀的刀尖角以及正确的安装来保证的，一般用样板测量。也可用螺距规同时测量螺距和牙型角，如图 2.43 所示；螺纹中径常用螺纹千分卡尺来测量，如图 2.44 所示。

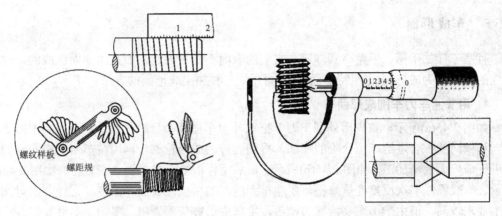

图 2.43 测量螺距和牙型角   图 2.44 测量螺纹中径

在成批大量生产中，多用如图 2.45 所示的螺纹量规进行综合测量。

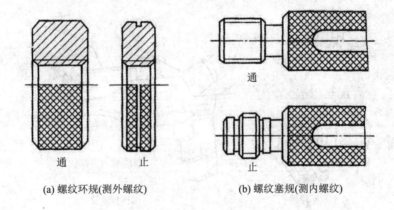

(a) 螺纹环规(测外螺纹)   (b) 螺纹塞规(测内螺纹)

图 2.45 螺纹量规

(6) 车螺纹时的缺陷及预防措施。

车螺纹时的缺陷、产生原因及预防措施见表 2.2。

表 2.2 车螺纹时的缺陷、产生原因及预防措施

废品种类	产 生 原 因	预 防 措 施
螺距不准	1. 在调整机床时，手柄位置放错了； 2. 反转退刀时，开合螺母被打开过； 3. 进给丝杠或主轴轴向窜动	1. 检查手柄位置是否正确，把放错的手柄改正过来； 2. 退刀时不能打开开合螺母； 3. 调整丝杠或主轴轴承轴向间隙，不能调间隙时换新的
中径不准	加工时切入深度不准	仔细调整切入深度
牙型不准	1. 车刀刀尖角刃磨不准； 2. 车刀安装时位置不正确； 3. 车刀磨损	1. 重新刃磨刀尖； 2. 重新装刀，并检查位置； 3. 重新磨刀或换刀
螺纹表面不光洁	1. 刀杆刚性不够，切削时震动； 2. 高速切削时，精加工余量太少或排屑方向不正确，把已加工表面拉毛	1. 调整刀杆伸出长度，或换刀杆； 2. 留足够的加工余量，改变刀具几何角度，使切屑不流向已加工表面
扎刀	1. 前角太大； 2. 横向进给丝杠间隙太大	1. 减少前角； 2. 调整丝杠间隙

2.5.6 车成形面

有些零件如手柄、手轮、圆球等，它们的表面不是平直的，而是由曲面组成的，这类零件的表面称为成形面(也叫特形面)。下面介绍三种加工成形面的方法。

1. 用普通车刀车削成形面

如图 2.46(a)所示，首先用外圆车刀 1 把工件粗车出几个台阶；然后双手控制车刀 2 以纵向和横向的综合进给车掉台阶的峰部，得到大致的成形轮廓，再用精车刀 3 按同样的方法进行成形面的精加工，如图 2.46(b)所示；最后用样板检验成形面是否合格，如图 2.46(c)所示。一般需经多次反复度量修整，才能得到所需的精度及表面光洁度。这种方法对操作技术要求较高，但由于不需要特殊的设备，生产中仍被普遍采用，多用于单件操作、小批量生产。

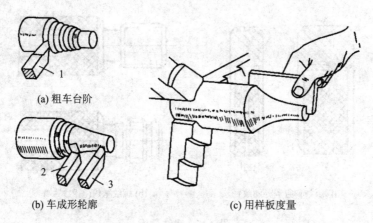

(a) 粗车台阶

(b) 车成形轮廓

(c) 用样板度量

图 2.46 用普通车刀车削成形面

2. 成形车刀车削成形面

这种方法是利用与工件轴向剖面形状完全相同的成形车刀来车出所需的成形面，也称为样板刀法，如图 2.47 所示。其主要用于车削尺寸不大且要求不太精确的成形面。

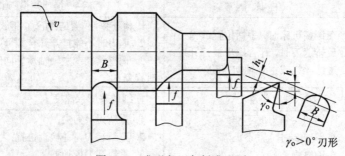

图 2.47 成形车刀车削成形面

3. 靠模法车削成形面

利用刀尖运动轨迹与靠模(板或槽)形状完全相同的方法车出成形面，如图 2.48 所示。靠模安装在床身后面，车床中拖板需与丝杠拖开，其前端连接板上装有滚柱，当大拖板纵向自动进给时，滚柱即沿靠模的曲线槽移动，从而带动中拖板和车刀作与曲线槽形状一致的曲线运动，车出成形面来。

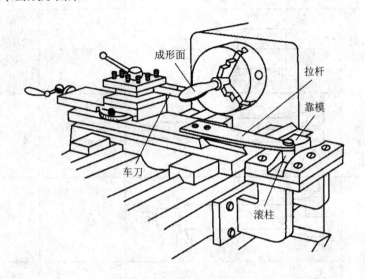

图 2.48　靠模法车削成形面

　　车削前，小拖板应转 90°，以便用它调整车刀位置，并控制切深。这种方法操作简单，生产效率高，但需要制造专用模具，适用于生产批量大、车削轴向长度长、形状简单的成形面零件。

2.6　典型零件的车削加工实例

2.6.1　车轴类零件的加工工序

　　销轴(见图 2.49)在小批生产时的车削步骤见表 2.3。

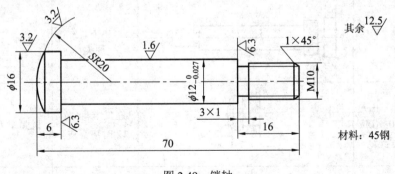

图 2.49　销轴

　　该销轴选用 $\phi18$ 的 45 号钢，车削加工前用锯床下料，总长 320 mm(75 mm 长，4 件，加料头长 20 mm)。

表 2.3 销轴加工步骤

序号	加工内容	加工简图	夹具	刀具	量具
1	车端面，钻中心孔		三爪卡盘	弯头车刀，中心钻	
2	粗车 $\phi16 \times 75$ $\phi13 \times 64$ $\phi11 \times 16$		三爪卡盘，顶尖	90° 偏刀	游标卡尺
3	切退刀槽 $\phi8 \times 3$		三爪卡盘，顶尖	切槽刀	游标卡尺
4	精车 $\phi12$ $\phi10 \times 16$		三爪卡盘，顶尖	90° 偏刀	游标卡尺
5	倒角 $1 \times 45°$		三爪卡盘，顶尖	45° 弯头车刀	
6	车 M10 螺纹		三爪卡盘，顶尖	60° 三角螺纹刀	
7	切断，全长 71mm		三爪卡盘，顶尖	切断刀	
8	掉头，车球面 R20 用双手同时操纵		三爪卡盘(夹12时垫铜皮)	圆弧车刀	钢板尺，样板
9	检验				卡尺，钢板尺，螺纹环规

2.6.2 车套类零件的加工工序

小批生产衬套(见图 2.50)的车削步骤见表 2.4。

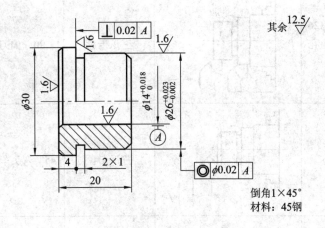

其余 $\overset{12.5}{\triangledown}$

倒角1×45°
材料：45钢

图 2.50 衬套

该衬套选用ϕ32 的 45 号钢，车削加工前用锯床下料，总长 220 mm(25 mm 长，8 件，加料头长 20 mm)。

表 2.4 衬套加工步骤

序号	加工内容	加工简图	夹具	刀具	量具
1	车端面		三爪卡盘	弯头车刀	
2	钻孔ϕ13×30		三爪卡盘	钻头	游标卡尺
3	粗车外圆 ϕ30×25 ϕ27×15		三爪卡盘	90°偏刀	游标卡尺
4	切槽ϕ24×2 保证尺寸 16 和 Ra 值 1.6 μm		三爪卡盘	切槽刀	游标卡尺

续表

序号	加工内容	加工简图	夹具	刀具	量具
5	精车外圆$\phi26$ ×16 扩、铰内孔 $\phi14$ ×22		三爪卡盘	90° 偏刀	游标卡尺
6	倒角 1 ×45°		三爪卡盘	45° 弯头车刀	游标卡尺
7	切断，全长 21 mm		三爪卡盘	切断刀	游标卡尺
8	掉头车端面 保证尺寸 20， 倒角 1 ×45°		三爪卡盘(夹 $\phi26$ 时垫铜皮)	圆弧车刀 45° 弯头车刀	钢板尺，样板
9	检验				卡尺，钢板尺

第 2 章　立体化资源

第 3 章 铣削加工

思政课堂

　　18 世纪开启工业文明以来，世界强国的兴衰史和中华民族的奋斗史一再证明，没有强大的制造业，就没有国家与民族的强盛。打造具有国际竞争力的制造业，是我国提升综合国力、保障国家安全、建设世界强国的必由之路。制造业是国民经济的主体，是立国之本、兴国之器、强国之基。在机械加工中，铣削的加工范围最广，2021 年"大国工匠年度人物"刘湘宾，被誉为"铣"亮导航眼睛的大师，他是时刻保持学习的"勤奋生"，紧跟时代步伐，学习掌握更先进的加工工艺，立志于为国家制造出更多精品零件，他是广大师生学习的榜样。

3.1　铣削加工概述

　　铣削加工是在铣床上利用铣刀的旋转和工件的移动(转动)来加工工件的方法。铣削加工的范围非常广泛，可加工平面、台阶面、沟槽(包括键槽、直角槽、角度槽、燕尾槽、T形槽、圆弧槽、螺旋槽)和成形面等。此外，还可以进行孔加工(钻孔、扩孔、铰孔、镗孔)和分度工作。如图 3.1 所示为铣削加工的主要加工范围。一般铣削加工精度可达 IT9～IT8，表面粗糙度 $Ra = 1.6 \sim 6.3$ μm。

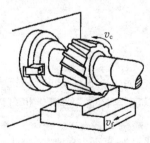
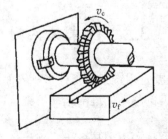
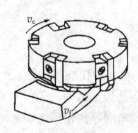

圆柱铣刀铣平面　　　　　　三面刃铣刀铣台阶面　　　　　　端面铣刀铣平面

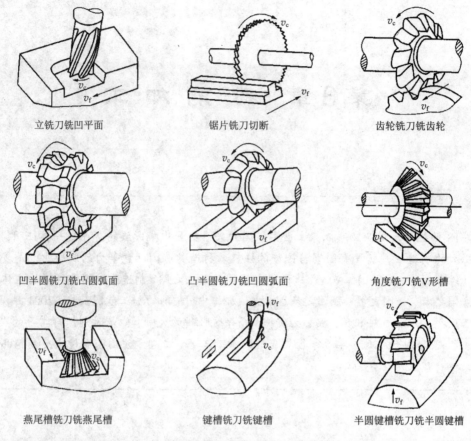

立铣刀铣凹平面　　　　　　锯片铣刀切断　　　　　　齿轮铣刀铣齿轮

凹半圆铣刀铣凸圆弧面　　　凸半圆铣刀铣凹圆弧面　　　角度铣刀铣V形槽

燕尾槽铣刀铣燕尾槽　　　　键槽铣刀铣键槽　　　　半圆键槽铣刀铣半圆键槽

图 3.1　常见的铣削加工内容

铣削加工具有以下特点：

(1) 由于铣削的主要运动是铣刀旋转，铣刀又是多齿刀具，因此铣削的生产效率高，刀具的耐用度高。

(2) 铣床及其附件的通用性广，铣刀的种类很多，铣削的工艺灵活，因而铣削的加工范围较广。

总之，无论是单件小批量生产，还是成批大量生产，铣削都是非常适用的、经济的、多样的加工方法。它在切削加工中得到了较为广泛的应用。

3.2　铣床及其附件

铣床(Milling Machine)主要是用铣刀对工件多种表面进行加工的机床。通常以铣刀的旋转运动为主运动，工件和铣刀的移动为进给运动。铣床可以加工平面、沟槽，也可以加工各种曲面、齿轮等。

铣床是用铣刀对工件进行铣削加工的机床。铣床除了能铣削平面、沟槽、轮齿、螺纹和花键轴外，还能加工比较复杂的型面，效率较刨床高，在机械制造和维修部门得到了广泛应用。

铣床是一种用途广泛的机床，在铣床上可以加工平面(水平面、垂直面)、沟槽(键槽、T 形槽、燕尾槽等)、分齿零件(齿轮、花键轴、链轮)、螺旋形表面(螺纹、螺旋槽)及各种曲面。此外，铣床还可用于回转体表面、内孔加工及切断工作等。铣床在工作时，工件装在工作台上或分度头等附件上，铣刀旋转为主运动，辅以工作台或铣头的进给运动，工件即可获得所需的加工表面。由于是多刃断续切削，因而铣床的生产率较高。简单来说，铣床可以对工件进行铣削、钻削和镗孔加工。

3.2.1 铣床的种类

铣床的种类很多，常见的有卧式升降台铣床、万能卧式升降台铣床、立式铣床，此外还有龙门铣床、键槽铣床以及数控铣床等。

铣床的型号按照 GB/T15375—2008《金属切削机床型号编制方法》的规定表示。以万能卧式升降台铣床 X6132 的编号为例：X 表示铣床类，6 表示卧铣，1 表示万能升降台铣床，32 表示工作台宽度的 1/10(即工作台的宽度为 320 mm)。

3.2.2 铣床的基本部件及应用

铣床的类型虽然很多，但各类铣床的基本部件都大致相同，必须具有一套带动铣刀作旋转运动和使工件作直线运动或回转运动的机构。

万能卧式升降台铣床是铣床中应用最广泛的一种，其主轴线与工作台平面平行且呈水平方向放置，其工作台可沿纵、横、垂直三个方向移动并可在水平面内回转一定角度，以适应不同工件铣削的需求。

如图 3.2 所示为 X6132 万能卧式升降台铣床。

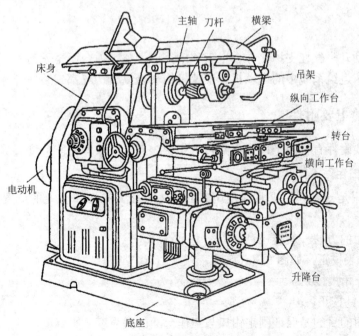

图 3.2 X6132 万能卧式升降台铣床

铣床的主要组成部分分别介绍如下。

1. 床身和底座

床身是用来安装和连接机床其他部件的，是机床的主体，其内部装有电动机及传动机构。床身一般用优质灰口铸铁制成箱体结构。底座在床身的下面，并把床身紧固在上面。升降丝杠的螺母座也安装在底座上。

2. 主轴

主轴是前端带锥孔的空心轴。锥度一般是 7∶24，铣刀刀轴就安装在锥孔中，并被带动旋转。主轴是铣床的主要部件，要求旋转平稳、无跳动和刚性好，需经过热处理和精密加工。

3. 横梁及吊架

横梁安装在床身的顶部，可沿顶部导轨移动。横梁上装有吊架，横梁和吊架的主要作用是支撑刀轴的外端，以增加刀轴的刚性。横梁向外伸出的长度可以任意调整，以适应各种不同长度的刀轴。

4. 纵向工作台

纵向工作台是用来安装夹具和工件的，并作纵向移动。工作台上面有 T 形槽，用来安放 T 形螺钉以固定夹具和工件，其下面通过螺母与丝杠螺纹连接，其侧面有固定挡铁以实现机床的机动纵向进给。

5. 横向工作台

横向工作台在纵向工作台的下面，可沿升降台上面的导轨作横向移动，以带动工件横向进给。在横向工作台与纵向工作台之间设有回转盘，可使纵向工作台在±45°范围内转动。

6. 升降台

升降台借助升降丝杠支撑工作台上下移动，以调整工作台面至铣刀的距离，也可作垂直向进给。机床进给系统中的电动机、变速机构和操纵机构等都安装在升降台内。

3.2.3　铣床的主要附件

铣床的主要附件有机用平口钳、回转工作台、万能铣头和万能分度头等。

1. 机用平口钳

机用平口钳是一种通用夹具，使用时应该先校正其在工作台上的位置，然后再夹紧工件。

校正平口钳的方法一般有三种：

(1) 用百分表校正，如图 3.3(a)所示。

(2) 用 90° 角尺校正。

(3) 用划线针校正。

校正平口钳的目的是保证固定钳口与工作台面的垂直度、平行度，校正后利用螺栓与 T 形槽将平口钳装夹在工作台上。用平口钳装夹工件时，应按划线找正工件，然后转动平口钳丝杠，使活动钳口移动并夹紧工件，如图 3.3(b)所示。

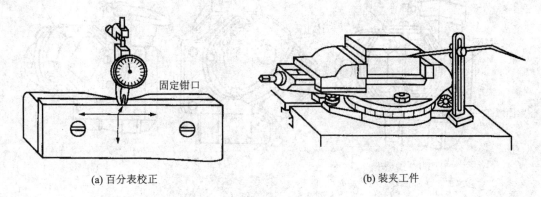

(a) 百分表校正   (b) 装夹工件

图 3.3 平口钳

2. 回转工作台

回转工作台又称转盘、圆形工作台，如图 3.4 所示。它的内部有一副蜗轮和蜗杆，手轮与蜗杆连接，转台与蜗轮连接，转动手轮，通过蜗轮和蜗杆的传动使转台转动。转台周围有刻度，可用来观察和确定转台的位置。

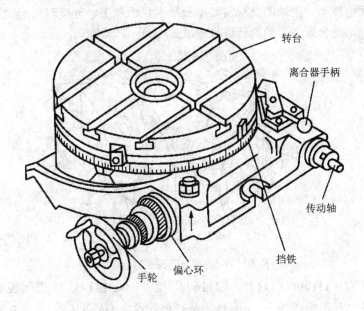

图 3.4 回转工作台

3. 万能铣头

万能铣头是扩大卧式铣床加工范围的附件。铣头的主轴可安装铣刀并根据加工需要在空间扳转任意角度。万能铣头的外形及其在卧式铣床上的安装情况如图 3.5 所示。通过底座用螺栓将铣头紧固在卧铣的垂直导轨上，铣床主轴的运动通过铣头内的两对伞齿轮传到铣头主轴和铣刀上。铣头壳体可绕铣床主轴轴线偏转任意角度。如图 3.5 所示，(a)为铣刀处于垂直位置，(b)为铣刀处于向右倾斜位置，(c)为铣刀处于向前倾斜位置。

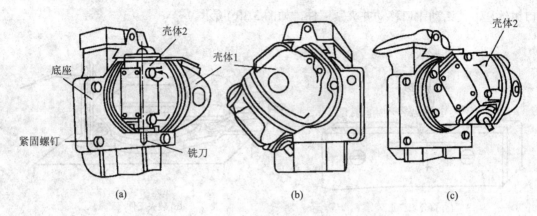

图 3.5　万能立铣头

4. 万能分度头

在铣削加工中，常会遇到铣六方、齿轮、花键和刻线等工作，这时，工件每铣过一面或一个槽之后，需要转过一个角度再铣下一面或下一个槽，这种工作叫作分度。分度头就是根据加工需要，对工件在水平、垂直和倾斜位置进行分度的机构。万能分度头是铣床的主要附件之一，其构造如图 3.6 所示，在它的基座上装有回转体，分度头的主轴可以随回转体在垂直平面内转动。主轴的前端常装上三爪卡盘或顶尖。分度时可摇动回转体手柄，通过蜗轮、蜗杆带动分度头主轴旋转进行分度。

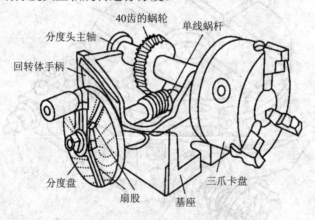

图 3.6　万能分度头的构造

常用分度头有 F11100、F11125、F11160 等型号，其中 F11125 型万能分度头在铣床上常用。它通过一对传动比为 1：1 的直齿圆柱齿轮及一对传动比为 1：40 的蜗轮蜗杆副使主轴旋转。此回转体手柄转过 40 转，主轴转 1 转，急速比为 1：40，比数 40 就称为分度头的定数。

回转体手柄转数 n 和工件圆周等分数 z 的关系如下：

$$n = \frac{40}{z} \tag{3-1}$$

式中，n——回转体手柄转数；

40——分度头定数；

z ——工件圆周等分数。

例 3.1 在 F11125 型万能分度头上用铣刀铣削四方，每铣完一边后回转体手柄要转多少转？

解
$$n = \frac{40}{z} = \frac{40}{4} = 10 \text{ r}$$

即每铣完一边后回转体手柄要转 10 转。

例 3.2 在 F11125 型万能分度头上用铣刀铣削六角螺母，每铣完一面后回转体手柄要转多少转再铣第二面？

解
$$n = \frac{40}{z} = \frac{40}{6} = 6\frac{2}{3} = 6\frac{44}{66} \text{ r}$$

即每铣完一面后回转体手柄应在 66 孔圈上转过 6 转又 44 个孔距(分度叉之间包含 45 个孔)。

3.3 铣 刀

3.3.1 铣刀的种类及其应用

铣刀的种类很多，按材料不同可分为高速钢和硬质合金两大类；按刀齿与刀体是否为一体又可分为整体式和镶齿式；按铣刀的安装方法不同可分为带孔铣刀和带柄铣刀。此外，按铣刀的用途和形状又可分为以下几类。

1. 加工平面用的铣刀

加工平面用的铣刀主要有端铣刀和圆柱铣刀，如图 3.7 所示。如果是加工比较小的平面，也可以使用立铣刀和三面刃铣刀。

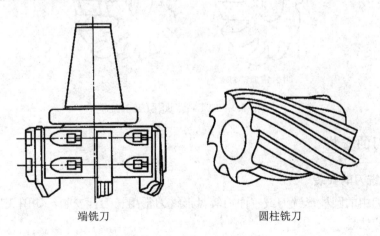

端铣刀　　　　　　　　　圆柱铣刀

图 3.7　加工平面用的铣刀

2. 加工沟槽用的铣刀

加工直角沟槽用的铣刀主要有立铣刀、三面刃铣刀、键槽铣刀、盘形铣刀和锯片铣刀等。加工特形槽的铣刀主要有 T 形槽铣刀、燕尾槽铣刀和角度铣刀等，如图 3.8 所示。

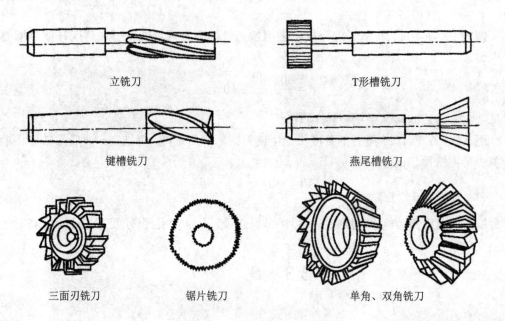

图 3.8　加工沟槽用的铣刀

3. 加工特形面用的铣刀

根据特形面的形状而专门设计的成形铣刀又称特形铣刀，如半圆形铣刀和专门加工叶片内弧用的特形成形铣刀，如图 3.9 所示。

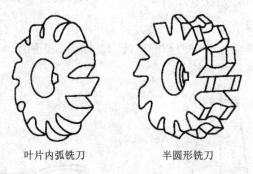

图 3.9　加工特形面用的铣刀

3.3.2　铣刀的安装

1. 带孔铣刀的安装

带孔铣刀中的圆柱形铣刀或三面刃等盘形铣刀常用长刀杆安装，如图 3.10 所示。

安装时应注意：

(1) 铣刀尽可能靠近主轴或吊架，以避免由于刀杆较长在切削时产生弯曲变形而使铣刀出现较大的径向跳动，影响加工质量。

(2) 为了保证铣刀的端面跳动小，在安装套筒时，两端面必须擦拭干净。

(3) 拧紧刀杆端部螺母时，必须先装上吊架，以防止刀杆变形。

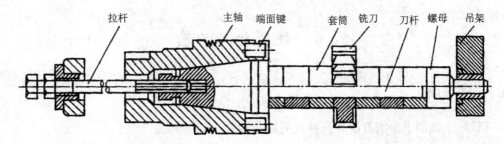

图 3.10 带孔铣刀的安装

2. 带柄铣刀的安装

(1) 锥柄铣刀的安装如图 3.11(a)所示。安装时，如锥柄铣刀的锥度与主轴孔锥度相同，可直接装入铣床主轴中拉紧螺杆将铣刀拉紧。如锥柄铣刀的锥度与主轴孔锥度不同，则需利用大小合适的变锥套筒将铣刀装入主轴锥孔中。

(2) 直柄铣刀的安装如图 3.11(b)所示。安装时，铣刀的直柄要插入弹簧套的光滑圆孔中，然后旋转螺母以挤压弹簧套的端面，使弹簧套的外锥面受压而孔径缩小，夹紧直柄铣刀。

注意 铣刀安装好以后，必须检查其跳动是否在其允许的范围内，各螺母和螺钉是否已经牢固。在一般情况下，只要在铣床开动后，看不出铣刀有明显的跳动就可以了。造成铣刀跳动量过大的原因有可能是配合各部位没有擦干净有杂物、刀轴受力过大有弯曲、刀轴垫圈的两平面不平行、铣刀的刃磨质量差或主轴孔有拉毛等。

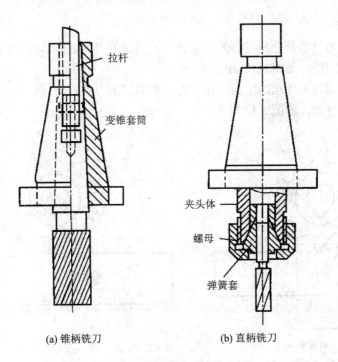

(a) 锥柄铣刀   (b) 直柄铣刀

图 3.11 带柄铣刀的安装

3.4 铣削加工工艺

3.4.1 铣平面

在铣床上铣削平面的方法有两种：周铣和端铣。

1. 周铣

周铣就是利用分布在铣刀圆柱面上的刀刃进行铣削而形成平面的铣削，如图 3.12 所示。周铣可分为顺铣和逆铣。

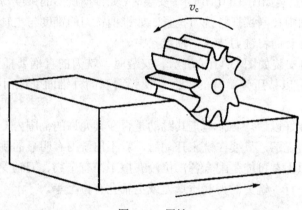

图 3.12　周铣

顺铣：在铣刀与工件已加工面的切点处，铣刀切削刃的旋转运动方向与工件进给方向相同的铣削称为顺铣，如图 3.13(a)所示。

逆铣：在铣刀与工件已加工面的切点处，铣刀切削刃的旋转运动方向与工件进给方向相反的铣削称为逆铣，如图 3.13(b)所示。

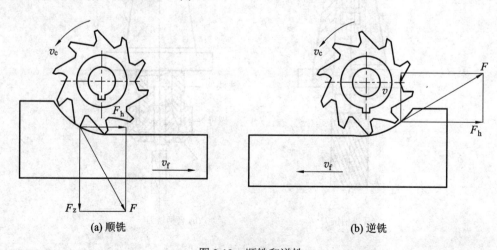

(a) 顺铣　　　　　　　　　　　　　　　　(b) 逆铣

图 3.13　顺铣和逆铣

用圆柱铣刀铣平面的步骤如下：

(1) 铣刀的选择：由于用螺旋齿铣刀铣平面，排屑顺利，铣削平稳，因此在用圆柱铣刀铣平面时常选用螺旋齿铣刀。铣刀的宽度要大于工件待加工表面的宽度，以保证一次进给就可铣完待加工表面，且尽量选用小直径铣刀，以减少刀具震动，提高工件的表面质量。

(2) 装夹工件：在 X6132 型卧式铣床工作台面上安装机用虎钳，目测找正，固定钳口与工作纵向进给方向一致。可利用垫铁使工件高出钳口适当高度，并夹紧工件。

(3) 确定铣削用量：根据工件的材料、加工余量、所选用铣刀的材料、铣刀直径及加工工件的表面粗糙度等要求来综合选择合理的切削用量。粗铣时：侧吃刀量 $a_e = 2 \sim 8$ mm，每齿进给量 $f_z = 0.03 \sim 0.16$ mm/z，铣削速度 $v_c = 15 \sim 40$ m/min。精铣时：铣削速度 $v_c \leqslant 15$ m/min 或 $v_c \geqslant 50$ m/min，每转进给量 $f = 0.1 \sim 1.5$ mm/ı，侧吃刀量 $a_e = 0.2 \sim 1$ mm。

(4) 铣削过程如图 3.14 所示。

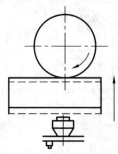

1. 先开动主轴，使铣刀转动，再摇动升降台进给手柄，使工件慢慢上升；当铣刀微触工件后，在升降刻度盘上做记号

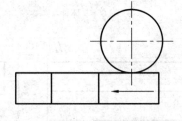

2. 降下工作台，再纵向退出工件

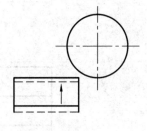

3. 利用刻度盘将工作台升高到规定的铣削深度位置，紧固升降台和横滑板

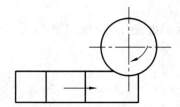

4. 先用手动使工作台纵向进给，当工件稍被切入后，改为自动进给

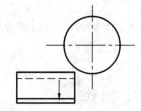

5. 铣完后，停车，下降工作台

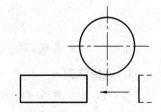

6. 退回工作台，测量工件尺寸，测察表面粗糙度。重复铣削直到满足要求

图 3.14　铣削过程

2. 端铣

端铣就是利用铣刀的端面齿刃进行切削来形成平面的铣削，如图 3.15 所示。端铣刀铣削时，切削厚度变化小，同时进行切削的刀齿较多，因此切削平稳。端铣适合加工大尺寸工件。

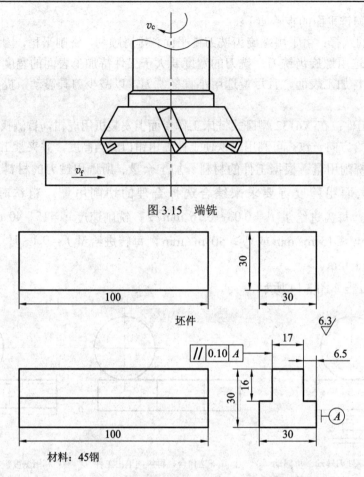

图 3.15　端铣

图 3.16　台阶件

3.4.2　铣台阶面

在卧式铣床上加工尺寸不大的台阶面，一般都使用三面刃盘铣刀或立铣刀加工。

铣削如图 3.16 所示的工件，加工步骤如下。

1. 选择铣刀

盘形铣刀的直径可按下面公式计算：

$$D > 2t + d \tag{3-2}$$

式中，D——铣刀直径，单位为 mm；

　　　t——铣削深度，单位为 mm；

　　　d——刀轴垫圈直径，单位为 mm。

铣刀宽度 B 应该大于铣削层宽度，即 $B > 6.5$ mm。铣刀的孔径选择 $\phi 27$ mm，刀轴垫圈外径为 40 mm，则铣刀的直径为

$$D > 16 \times 2 + 40$$

即

$$D > 72 \text{ mm}$$

根据上述条件，应选用一把直径为 80 mm、宽度为 10 mm、孔径为 27 mm、齿数为 18 的错齿三面刃铣刀。

2. 安装虎钳和工件

把虎钳安装在工作台上，并加以校正，使钳口与工作台纵向进给方向平行。然后把工件安装在虎钳内，根据图样上的尺寸，铣削层深度达到 16 mm，所以工件应高出钳口 17 mm 以上(不可太多)，在工件下面垫适当厚度的平行垫块，使工件紧贴垫块并与工作台台面平行，如图 3.17 所示。

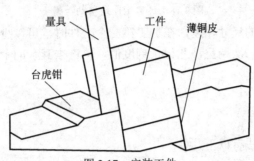

图 3.17 安装工件

在钳口内侧最好垫上薄铜皮，以防止夹伤工件的两侧面。在敲击工件时，要用铜锤轻轻敲打，以免损伤工件表面。

3. 确定铣削用量

从工件的加工余量可知，$B = 6.5$ mm，$t = 16$ mm，表面粗糙度为 $Ra = 6.3$ μm，若采用三面刃盘铣刀加工，应采用 $f_z = 0.04$ mm / z，$v_c = 28$ m / min。在 X6132W 型铣床上，$n = 235$ r / min，$f = 75$ mm / min。

4. 调整铣削位置

调整铣刀铣削位置的方法和步骤如下：

(1) 横向移动工作台，使工件在铣刀的外面，再把工作台上升，使工件表面比铣刀刀刃高，但不能超过 16 mm。

(2) 开动机床，使铣刀旋转，并移动横向工作台，使工件侧面渐渐靠近铣刀，直到铣刀轻轻擦到工件侧面为止，然后把横向工作台的刻度盘调整到零线位置。

(3) 下降工作台，再摇动横向手柄，使工作台横向移动 6.5 mm，并把横向固定手柄扳紧。

(4) 调整铣削层深度，先渐渐上升工作台，一直到工件顶面与铣刀刚好接触。纵向退出工件，再上升 16 mm，并把垂直移动的固定手柄扳紧。接着即可开动切削液泵和机床，进行切削。

(5) 在铣另一边的台阶时，铣削层深度可采取原来的深度，不必再重新调整。为了获得 17 mm 的台阶宽度，调整时可按如图 3.18(a)所示算出工作台所需的横向移动量 A。A 就等于台阶上部宽度 b 加铣刀宽度 B(或铣刀直径 d)，如图 3.18(b)所示。在作横向移动之前必须松开紧固手柄，移动完毕，应立即再扳紧。

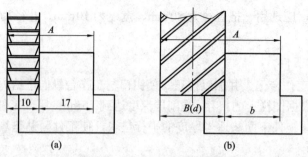

图 3.18　计算工作台移动距离

为了能够保证工件的尺寸精度，在加工第一个工件时，可以少铣去一些余量，然后根据测量的数据，进行第二次调整，并记录刻度值，再铣去其余的余量。第一个工件检查合格后，再铣其余的工件。

3.4.3　铣斜面

常见的斜面铣削方法有以下几种。

1. 使用倾斜垫片铣斜面

在零件设计的基准下面垫一块倾斜的垫铁，则铣出的平面与设计基准面呈倾斜位置，如果改变斜垫铁的角度，就可加工出不同的斜面零件，如图 3.19(a)所示。

2. 使用分度头铣斜面

在一些圆柱形或特殊形状的零件上加工斜面时，可利用分度头将工件转成所需位置而铣出所需斜面，如图 3.19(b)所示。

3. 使用万能立铣头铣斜面

由于万能立铣头能方便地改变刀轴的空间位置，所以可通过转动立铣头使刀具相对于工件倾斜一个角度，即可铣出所需斜面，如图 3.19(c)所示。

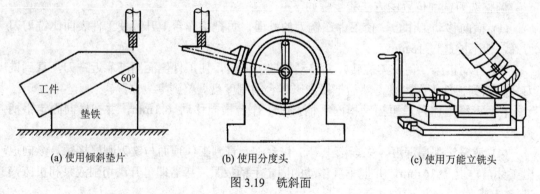

(a) 使用倾斜垫片　　　　　　(b) 使用分度头　　　　　　(c) 使用万能立铣头

图 3.19　铣斜面

3.4.4　铣沟槽

1. 键槽

常见的键槽有封闭式和开口式两种。

1) 封闭式键槽

对于封闭式键槽,单件生产一般在立式铣床上加工,批量生产通常在键槽铣床上加工。在键槽铣床上加工时,利用专用抱钳把工件夹紧后,如图 3.20(a)所示,再用键槽铣刀一层一层地铣削,直到符合要求为止,如图 3.20(b)所示。

利用立铣刀加工时,由于铣刀中央无切削刃,因此必须预先在槽的一端钻一个落刀孔,方能用立铣刀铣键槽。

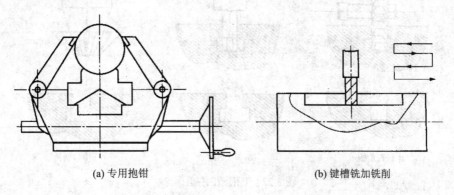

(a) 专用抱钳　　　　　　　　　　　　　(b) 键槽铣加铣削

图 3.20　铣封闭式键槽

2) 开口式键槽

开口式键槽使用三面刃铣刀铣削。因为铣刀的振摆会使槽宽度变大,所以铣刀的宽度应稍小于键槽的宽度。对于宽度精度要求较高的键槽,可先试铣,以便确定铣刀合适的宽度。

铣刀和工件安装好以后,要仔细地对刀,也就是确保工件的轴线与铣刀的中心平面对准,以保证键槽的对称性。然后进行铣削深度的调整,调整好以后才可铣削。当键槽较深时,需要分多次走刀切削。

2. T 形槽

加工如图 3.21 所示的带有 T 形槽的工件时,首先按划线校正工件的位置,使工件与进给方向一致,并使工件的上平面与铣床工作台台面平行,以保证 T 形槽的切削深度一致,然后夹紧工件,即可进行铣削。

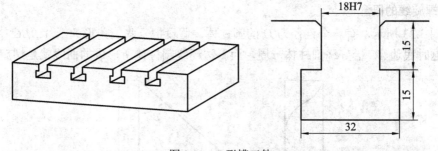

图 3.21　T 形槽工件

1) 铣 T 形槽的步骤

(1) 铣直角槽。在立式铣床上用立铣刀(或在卧式铣床上用三面刃盘铣刀)铣出一条宽 18H7、深 30 mm 的直角槽,如图 3.22(a)所示。

(2) 铣 T 形槽。拆下立铣刀，装上直径为 32mm、厚度为 15mm 的 T 形槽铣刀。接着把 T 形槽铣刀的端面调整到与直角槽的槽底相接触，然后开始铣削，如图 3.22(b)所示。

(3) 槽口倒角。如果 T 形槽在槽口处有倒角，则拆下 T 形槽铣刀，装上倒角铣刀倒角，如图 3.22(c)所示。

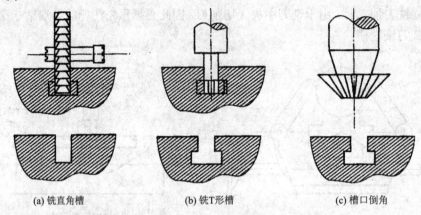

(a) 铣直角槽　　　　　　　(b) 铣T形槽　　　　　　　(c) 槽口倒角

图 3.22　T 形槽的铣削步骤

2) 铣 T 形槽的注意事项

(1) T 形槽铣刀在切削时金属屑排除比较困难，经常把容屑槽填满而使铣刀不能切削，以至铣刀折断，所以必须经常清除金属屑。

(2) T 形槽铣刀的颈部直径比较小，要注意因铣刀受到过大的切削力和突然的冲击力而折断。

(3) 由于排屑不畅，切削时热量不易散失，铣刀容易发热，在铣钢质材料时，应充分浇注切削液。

(4) T 形槽铣刀在切削时的工作条件差，所以进给量和切削速度要相对小，但铣削速度不能太低，否则会降低铣刀的切削性能，并且增加每齿的进给量。

3.4.5　铣螺旋槽

在铣床上常用万能分度头铣削带有螺旋线的工件。这类工件的铣削称为铣螺旋槽。

1. 螺旋线的概念

如图 3.23 所示，有一个直径为 D 的圆柱体，假设把一张三角形的纸片 ABC 绕到圆柱体上，这时底边 AC 恰好绕圆柱体一周，而斜边环绕圆柱体所形成的曲线就是螺旋线。

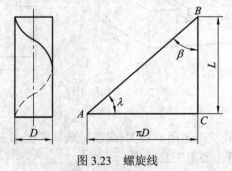

图 3.23　螺旋线

螺旋线有以下几个要素：

(1) 导程。螺旋线绕圆柱体一周后，在周线方向上移动的距离就是导程，一般用 L 表示。

(2) 螺旋角。螺旋线与圆柱体轴线之间的夹角即为螺旋角，用 β 表示。

(3) 螺旋升角。螺旋线与圆柱体端面之间的夹角为螺旋升角，用 λ 表示。

则有

$$L = \pi D \cot \beta \tag{3-3}$$

2. 铣螺旋槽的注意事项

在铣床上铣螺旋槽时，除挂轮的计算和配置、工作铣刀的选择外，当工件夹好后在具体加工时还应该注意以下几点：

(1) 在铣螺旋槽时，工件需要随着纵向工作台的进给而连续转动，必须将分度头主轴的紧固手柄和分度盘的紧固螺钉松开。

(2) 当工件的螺旋槽导程小于 80 mm 时，由于挂轮速度比较大，最好采用手动进给。在实际工作中，手动进给时可转动回转体手柄，使分度盘随着回转体手柄一起转动。

(3) 加工多头螺旋槽时，由于铣床和分度头的传动系统内都存在着一定的传动间隙，因此在每铣好一条螺旋槽时，为了防止铣刀将已加工好的螺旋槽表面碰伤，应在返程前将升降台下移一段距离。

(4) 在确定铣削方向时要注意两种情况，如图 3.24 所示。一是当工件和心轴之间没有定位键时，要注意心轴螺母是否会自动松开。二是工件在切削力的作用下，有相对心轴作逆时针转动的趋向，由于端面摩擦力的关系，螺母也会作逆时针转动而逐渐松开，如图 3.24(a)所示，因此正确的铣削方向应如图 3.24(b)所示。

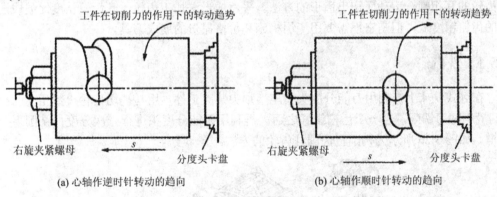

(a) 心轴作逆时针转动的趋向   (b) 心轴作顺时针转动的趋向

图 3.24 铣螺旋槽的切削方向

3.4.6 铣成形面及曲面

1. 铣成形面

成形面一般采用成形铣刀加工，成形铣刀又叫样板刀或特形铣刀，其切削刃的形状和工件的特形面完全一样。成形铣刀一般又分为整体式和组合式，分别用于铣削较窄和较宽的成形面。成形面铣刀的刀齿一般制成铲背齿形，以保证刃磨后的刀具保持原有的截面形状。

凹凸圆弧面可用样板来检验，如图 3.25 所示。检验凹圆对称中心时可用比圆弧稍小或等于圆弧直径的圆棒来测量。

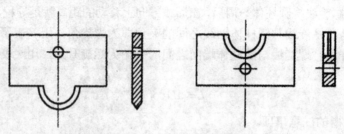

图 3.25　凹凸圆弧检验样板

2. 铣曲面

曲面一般可在立式铣床或仿形铣床上铣削。在立式铣床上铣削曲线外形的方法有：用回转台铣削；按画线用手动进给铣削及靠模铣削。

为了提高加工质量和生产效率，并使操作简便省力，一般可采取靠模铣削法。靠模法就是做一个与工件形状相同的靠模板，依靠它使工件或铣刀始终沿着它的外形轮廓线作进给运动，从而获得准确的曲面外形。

3.5　齿轮齿形加工

齿轮齿形的加工方法很多，但基本上可以分为两种：一是成形法，即利用与刀刃形状和齿槽形状相同的刀具在普通铣床上切出齿形的方法；二是展成法，即利用齿轮刀具与被切齿轮的互相啮合运动而切出齿形的方法。采用成形法加工齿轮，其齿轮精度比展成法加工的齿轮精度低，但是它不需要用专用机床和价格昂贵的展成刀具。

3.5.1　铣齿

在卧式铣床上，利用万能分度头和尾架顶尖装夹工件，用与被切齿轮模数相同的盘状(或指状)铣刀铣削，当一个齿槽铣好之后，再利用万能分度头进行一次分度，铣削下一个齿槽。如图 3.26 所示为铣削直齿圆柱齿轮的方法。

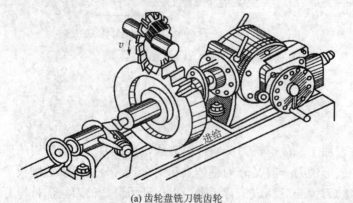

(a) 齿轮盘铣刀铣齿轮

(b) 指形铣刀铣齿轮

图 3.26　铣削直齿圆柱齿轮

3.5.2 滚齿

滚齿机是加工齿轮齿形的专用机床，如图 3.27 所示。滚齿机主要由工作台、刀架、支撑架、立柱和床身等组成。滚刀安装在刀架的刀轴上，刀轴可旋转一定的角度，刀架可沿立柱垂直导轨上下移动。齿轮坯安装在工作台的心轴上，而工作台既可带动工件作旋转运动，又可沿床身水平导轨左右移动。实际上，滚齿是按一对交错轴斜齿轮相啮合的原理进行齿轮加工的。齿轮滚刀相当于一个螺旋角很大、齿数很少的交错轴斜齿轮，工件为另一个交错轴斜齿轮，在滚齿的过程中，强制滚刀与齿轮坯按一定速比关系保持一对交错轴斜齿轮的啮合运动。

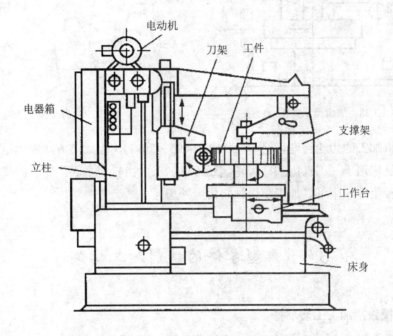

图 3.27 滚齿机示意图

用滚齿加工方法加工的齿轮精度可达到 7 级(GB10095—2001)。另外，因为该方法是连续切削，所以生产效率高。滚齿加工不但能加工直齿圆柱齿轮，还可以加工斜齿圆柱齿轮和蜗轮，但不能加工内齿轮和多联齿轮。

3.5.3 插齿

插齿加工在插齿机上进行，如图 3.28 所示。插齿机是加工齿轮齿形的专用机床。插齿过程相当于一对齿轮对滚。插齿刀的形状与齿轮类似，只是在轮齿上刃磨出前、后角，使其具有锋利的刀刃。插齿时，插齿刀一边上下往复运动，一边与被切齿轮坯之间强制保持一对齿轮的啮合关系，即插齿刀转过一个齿，被切齿轮坯也转过相当于一个齿的角度，逐渐切去工件上的多余材料，获得所需要的齿形。刀齿侧面的运动轨迹所形成的包络线即为渐开线齿形，如图 3.29 所示。

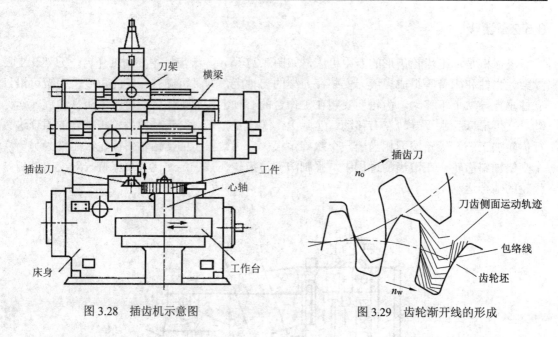

图 3.28　插齿机示意图　　　　　　　　　　图 3.29　齿轮渐开线的形成

用插齿机加工的齿轮精度可达 7 级(GB10095—2001)，因此该方法应用很广泛。插齿加工不但广泛应用于加工直齿圆柱齿轮，还可以加工内齿轮和多联齿轮，如果在插齿机上安装螺旋刀轴附件，则可以加工交错轴斜齿内外齿轮。

3.6　典型零件的铣削加工实例

1. T 形槽铣削加工工艺准备

铣削如图 3.30 所示的 T 形槽零件，应按如下步骤进行工艺准备。

1) 拟定加工工艺与工艺准备

(1) 选择机床。选用 X5032 型立式铣床。

(2) 选择刀具。选择直径为 16 mm 的标准直柄立铣刀铣削直槽；选择基本尺寸为 16 mm、直径为 29 mm、宽度为 13 mm 的标准直柄 T 形槽铣刀铣削底槽；选择角度为 45°的反燕尾槽铣刀铣削直槽口倒角。

(3) 装夹方式。采用机用平口虎钳装夹，工件以侧面和底面作为定位基准。

(4) 工序。T 形槽加工工序过程：检验预制件→安装、找正机用平口虎钳→工件表面画出直槽对刀线→装夹和找正工件→安装立铣刀→对刀、试切预检→铣削直槽→换装 T 形槽铣刀→垂向深度对刀→铣削底槽→铣削槽口倒角→T 形槽铣削工序的检验。

(5) 测量检验方法。根据本例要求，选用游标卡尺测各项尺寸和对称度。

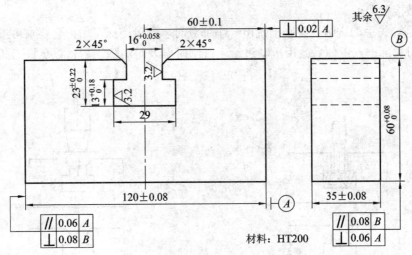

图 3.30 T 形槽工件图

2. T 形槽加工

1) 工艺准备

(1) 检验预制件。

(2) 安装铣刀，直柄立铣刀可用快换铣夹头或铣夹头安装。

(3) 工件的装夹及找正。选用机用平口虎钳装夹，先校正固定钳口与纵向进给平行后压紧。将工件装夹在机用平口虎钳内，找正工件上表面与工作台面平行。

(4) 划线。在工件表面划出直槽位置参考线。

(5) 选择铣削用量。按工件材料(HT200)和铣刀参数选择铣削用量。铣削直槽 $n = 250$ r/min，进给量 $v_f = 30$ mm/min；铣削底槽 $n = 118$ r/min，进给量 $v_f = 23.5$ mm/min；铣削倒角 $n = 235$ r/min，进给量 $v_f = 47.5$ mm/min。

2) 加工步骤

(1) 铣削直槽：

① 对刀。先在工件表面划出对称槽宽线，将铣刀调整到铣削位置，目测与槽宽线对准，开动机床，垂向缓慢上升，使工件表面切出刀痕，下降垂向工作台，停机，用游标卡尺测出槽的位置。如有偏差，则调整横向工作台，直至达到图样要求。

② 调整铣削层深度。T 形槽总深度为 23 mm，所以铣削直角槽时应铣至 T 形槽全深。因立铣刀刚度较差，故加工余量分两次切去。

③ 铣削。对刀后第一次工作台升高 16 mm，第二次工作台升高 7 mm。铣削时手动进给，待铣刀切入工件后改为机动进给，并且使两次进给方向相同。

(2) 铣削 T 形槽：

① 对刀。直槽铣削后，因横向工作台未移动，故改装 T 形槽铣刀后不必重新对刀。

② 调整铣削层深度：

a. 贴纸试切。工件表面贴一张薄纸，垂向工作台缓缓上升，待铣刀擦去薄纸时，工件退离铣刀，工作台上升 23 mm。

b. 擦刀试切。铣削直角槽时已将深度铣到 23 mm，只需将 T 形槽铣刀擦出的刀痕与直角槽底轻微接触即可。

c. 铣削。先手动进给，待底槽铣出一小部分时，测量槽深，如符合要求可继续手动进给，当铣刀大部进入工件后改用机动进给。铣削时要及时清除切屑，以免铣刀折断，如图 3.31 所示。

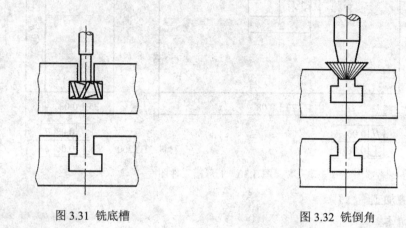

图 3.31　铣底槽　　　　　　　　　　　　　图 3.32　铣倒角

(3) 铣削倒角：

① 对刀。底槽铣削后，因横向工作台未移动，中心位置不变，只需垂向工作台上升，使铣刀与槽口接触后退离工件。

② 铣削。垂向工作台上升 1.6 mm，机动进给铣削，如图 3.32 所示。

3) T 形槽的检验与质量分析

(1) T 形槽检测。T 形槽检测比较简单，要求不高的 T 形槽用游标卡尺可以测量全部项目，要求较高的基准槽需用内径千分尺或塞规检测。

(2) T 形槽质量分析：

① 直角槽超差的原因是铣刀直径选择不准确、铣刀同轴度未校正。

② 底槽与直角槽不对称的原因是对刀不准、横向工作台未固紧、铣削时工件位移。

③ 底槽与基面不平行的原因是工件上平面未找正、铣刀未夹紧、铣削时工件被铣削力拉下。

④ 表面粗糙度较差的原因是未及时清除切屑及进给量过大。

第 3 章　立体化资源

第 4 章　数控车床加工

4.1　数控车床概述

　　数控车床主要用于精度要求高、表面粗糙度好、轮廓形状复杂的轴类、盘类、带特殊螺纹等回转体零件的加工，能够通过程序控制自动完成圆柱面、圆锥面、圆弧面、成形面及各种螺纹的切削加工，并进行切槽、钻、扩、铰孔等加工，如图 4.1 所示。数控车床具有加工灵活、通用性强、能适应产品的品种和规格频繁变化的特点，可以满足新产品的开发和多品种、小批量、生产自动化的要求，因此被广泛应用于机械制造业。目前数控车床是我国使用最多的数控机床，占 25% 以上。

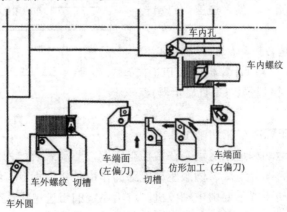

图 4.1　数控车床的各种加工方法

数控车床可将各种类型的材料，如 316 不锈钢、304 不锈钢、碳钢、合金钢、合金铝、锌合金、钛合金、铜、铁、塑胶、亚克力、POM(聚甲醛树脂)、UHWM(超高分子量聚乙烯)等，加工成方、圆组合的复杂结构的零件。

1. 数控车削加工的原理

数控车床是数控金属切削机床中最常用的一种机床，数控车床的主运动和进给运动是由不同的电机进行驱动的，而且这些电机都可以在机床的控制系统控制下，实现无级调速。它的工作过程如图 4.2 所示。

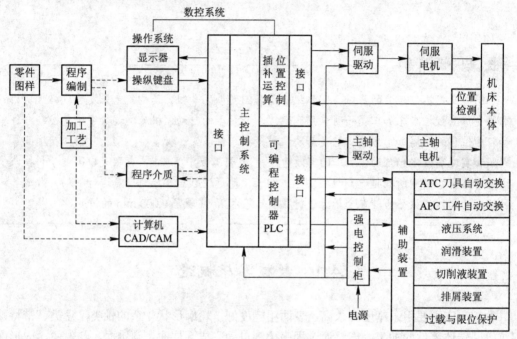

图 4.2　数控车床控制系统

2. 数控车床的组成

如图 4.3 所示，数控车床由以下几部分组成：

(1) 车床主机，即数控车床的机械部件，主要包括床身、主轴箱、刀架、尾座、进给传动机构等。

(2) 数控系统，是数控车床的控制核心，主要包括专用计算机。专用计算机由 CPU(中央处理器)、存储器、控制器、CRT(显示器)等部分组成。

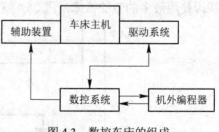

图 4.3　数控车床的组成

(3) 驱动系统，即数控车床切削工作的动力部分，主要实现主运动和进给运动。在数控车床中，驱动系统称为伺服系统，由伺服驱动电路和驱动装置两大部分组成。伺服驱动电路的作用是接收指令，经过软件的处理，推动驱动装置运动。驱动装置主要由主轴电机、进给系统的步进电机或交、直流伺服电机等组成。

(4) 辅助装置，与普通车床相类似，是指数控车床中一些为加工服务的配套部分，如液压、气动装置，冷却、照明、润滑、防护和排屑装置等。

(5) 机外编程器，是在普通的计算机上安装一套编程软件，使用这套编程软件以及相应的后置处理软件，就可以生成加工程序。通过车床控制系统上的通信接口或其他存储介质(如软盘、光盘等)，把生成的加工程序传输到车床的控制系统中，完成零件的加工。机外编程器可减少在数控车床上编制复杂零件加工程序所占用的机时，避免错误。

从总体上看，数控车床与普通车床的机械结构相似，即由床身、主轴箱、进给传动系统、刀架以及液压、冷却、润滑系统等辅助部分组成，其主要的机械部分也与普通车床基本一致，但其某些机械结构有一定的改变。简单来讲，普通车床由操作人员直接控制，车床的每一个动作都依赖于操作人员；而数控车床则由操作人员操作数控系统，再由控制系统来驱动机床的运动。

数控车床由于采用了计算机数控系统，其进给系统与普通车床相比发生了根本性的变化。普通车床的运动由电机经过主轴箱变速，传动至主轴，实现主轴的转动，同时经过交换齿轮架、进给箱、光杠或丝杠、拖板箱传到刀架，实现刀架的纵向进给运动和横向进给运动。主轴转动与刀架移动的同步关系依靠齿轮传动链来保证，而数控车床则与之完全不同。数控车床的主运动(主轴回转)由主轴电机驱动，主轴采用变频无级调速的方式进行变速。驱动系统采用伺服电机(对于小功率的车床，采用步进电机)驱动，经过滚珠丝杠传送到机床拖板和刀架，以连续控制的方式，实现刀具的纵向(Z 向)进给运动和横向(X 向)进给运动。这样，数控车床的机械传动结构大为简化，精度和自动化程度大大提高。数控车床主运动和进给运动的同步信号来自安装在主轴上的脉冲编码器。当主轴旋转时，脉冲编码器便向数控系统发出检测脉冲信号。数控系统对脉冲编码器的检测信号进行处理后传给伺服系统中的伺服控制器，伺服控制器再去驱动伺服电机移动，从而使主运动与刀架的切削进给保持同步。

3. 车床的坐标系

(1) 笛卡儿坐标系。在 ISO 和 EIA 标准中都规定直线进给运动用右手直角笛卡儿坐标系 X、Y、Z 表示，常称基本坐标系。X、Y、Z 坐标轴的相互关系由右手定则决定。如图 4.4 所示，图中大拇指的指向为 X 轴的正方向，食指指向为 Y 轴的正方向，中指指向为 Z 轴的正方向。

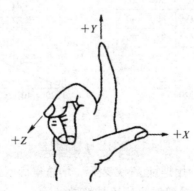

图 4.4 笛卡儿坐标系

(2) 机床坐标系。机床坐标系是机床上固有的坐标系，并设有固定的坐标原点。该坐标点为机床原点，是由数控车床的结构决定的，一般为主轴旋转中心与卡盘端面的交点。如图 4.5 所示为机床坐标系，图中 O 为机床原点。

数控车床的机床坐标系是以与主轴轴线平行的方向为 Z 轴，并规定从卡盘中心至尾座顶尖中心的方向为正方向。在水平面内与车床主轴轴线垂直的方向为 X 轴，并规定刀具远离主轴旋转中心的方向为正方向。

(3) 工件坐标系。设定工件坐标系的 X_P、Y_P、Z_P，目的是编程方便。设置工件坐标系原点的原则是：尽可能选择在工件的设计基准和工艺基准上。工件坐标系的坐标轴方向与机床坐标系的坐标轴方向保持一致。在数控车床中，原点 O_P 一般设定在工件右端面与主轴的交点上，如图 4.6 所示。

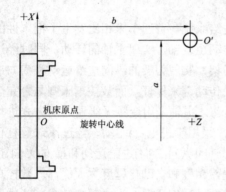
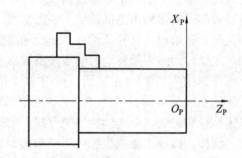

图 4.5　机床坐标系　　　　　　　　图 4.6　数控车床工件坐标系

(4) 绝对坐标与增量坐标。数控加工程序中表示几何点的坐标位置有绝对值和增量值两种方式。绝对值以"工件原点"为依据来表示坐标位置，如图 4.7(a)所示；增量值以相对于"前一点"位置坐标尺寸的增量来表示坐标位置，如图 4.7(b)所示。在数控程序中，绝对坐标与增量坐标可单独使用，也可在不同程序段上交叉设置使用，还可在同一程序段中混合使用，使用原则主要看以何种方式编程更方便。

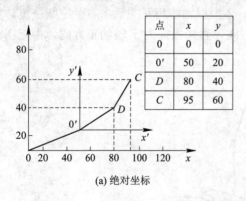
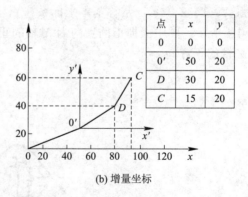

(a) 绝对坐标　　　　　　　　　　　(b) 增量坐标

图 4.7　绝对坐标与增量坐标

一般数控车床上绝对坐标用地址 X、Z 表示，增量坐标用地址 U、W 分别表示 X、Z 轴向的增量。X 轴向的坐标不论是绝对坐标还是增量坐标，一般都用直径值表示(称为直径编程)，这样会给编程带来方便，这时刀具实际的移动距离是直径值的一半。

4.2 数控车床程序编制

4.2.1 数控车床编程方法及 G 代码简介

1. 数控车床的编程步骤

拿到一张零件图纸后，首先应分析零件图纸，确定加工工艺过程，也即确定零件的加工方法(如采用的工夹具、装夹定位方法等)、加工路线(如进给路线、对刀点、换刀点等)及工艺参数(如进给速度、主轴转速、切削速度和切削深度等)。其次应进行数值计算。绝大部分数控系统都带有刀补功能，只需计算轮廓相邻几何元素的交点(或切点)的坐标值，得出各几何元素的起点、终点和圆弧的圆心坐标值即可。最后，根据计算出的刀具运动轨迹坐标值和已确定的加工参数及辅助动作，结合数控系统规定使用的坐标指令代码和程序段格式，逐段编写零件加工程序单，并输入 CNC 装置的存储器中。

2. 数控车床加工工艺路线制订

数控车床加工过程中，由于加工对象复杂多样，特别是轮廓曲线的形状及位置千变万化，加上材料、批量不同等多方面因素的影响，具体在确定加工方案时，可按先粗后精、先近后远、刀具集中、程序段少、走刀路线最短等原则综合考虑。下面就其中几点作一简要介绍：

(1) 先粗后精。粗加工完成后，接着进行半精加工和精加工。其中，当粗加工后所留余量的均匀性满足不了精加工要求时，可安排半精加工作为过渡性工序，以便使精加工余量小而均匀。

精加工时，零件的轮廓应由最后一刀连续加工而成。这时，加工刀具的进、退刀位置要考虑妥当，尽量沿轮廓的切线方向切入和切出，以免因切削力突然变化而造成弹性变形，致使光滑连接轮廓上产生表面划伤、形状突变或滞留刀痕等疵病。

对既有内孔，又有外圆的回转体零件，在安排其加工顺序时，应先进行内外表面粗加工，后进行内外表面精加工。切不可将内表面或外表面加工完成后，再加工其他表面。

(2) 先近后远。这里所说的远与近，是按加工部位相对于刀点的距离远近而言的。通常在粗加工时，离对刀点近的部位先加工，离对刀点远的部位后加工，以缩短刀具移动距离，减少空行程时间。对于车削加工，先近后远还有利于保持毛坯件或半成品件的刚性，改善其切削条件。

(3) 刀具集中。即用一把刀加工完成相应各部分，再换另一把刀加工相应的其他部分，以减少空行程和换刀时间。

3. 数控车床程序结构

控制机床进行加工的一组指令称为程序。程序是由一系列的程序段组成的，用于区分每个程序的号叫作程序号，用于区分每个程序段的号叫作顺序号。

(1) 程序号。在数控装置中，程序的记录是由程序号来辨别的，程序号也用于调用或编辑某个程序。程序号用地址码及 4 位数(1~9999)表示。不同的数控系统程序号地址码也有差别，通常 FANUC 系统用"O"，如 O0001；SINUMERIC 系统用"%"。编程时一定要按机床说明书的规定进行。

(2) 程序段。程序段由程序段顺序号和各种功能指令构成，例如：

　　　N_ G_ X(U)_ Z(W)_ F_ M_ S_ T_；

其中，N_ 为程序段顺序号，用地址 N 及 1～9999 中任意数字表示；G_ 为准备功能；X(U)_ Z(W)_ 为工件坐标系中 X、Z 轴移动终点位置；F_ 为进给功能指令；M_ 为辅助功能指令；S_ 为主轴功能指令；T_ 为刀具功能指令。

4. 数控系统功能指令代码

1) 准备功能 G 代码

准备功能 G 代码由字母(地址符)G 和两位数字组成，即 G00～G99，共 100 种。这种指令主要用于控制刀具对工件进行切削加工。

G 代码有两种模态，即模态式 G 代码和非模态式 G 代码。00 组的 G 代码属于非模态式 G 代码，只限定在被指定的程序段中有效，其余组的 G 代码属于模态式 G 代码，具有连续性，在后续程序段中，只要同组其他属于非模态式 G 代码未出现则一直有效。不同的非模态式 G 代码在同一程序段中可指定多个。如果在同一程序中指定了多个属于同一组的非模态式 G 代码，则只有最后面那个非模态式 G 代码有效。

由于国内外数控系统实际使用的功能指令标准化程度较低，因此编程时必须遵照所用数控机床的使用说明书编写加工程序。FUNAC 0i mate-TC 系统常用的 G 代码见表 4.1。

表 4.1　常用的 G 代码

名称	含义	组	编程格式	说明
G00	快速移动		G00 X(U)_ Z(W)_	模态有效
G01	直线插补		G01 X(U)_ Z(W)_ F_	模态有效
G02	顺时针圆弧插补	01	G02 X(U)_ Z(W)_ I_ K_ F_ (圆心终点编程)；G02 X(U)_ Z(W)_ R_ F_ (半径终点编程)	模态有效 加工的圆弧小于或等于半圆，R 为正值；大于半圆，R 为负值
G03	逆时针圆弧插补		同上 G02	模态有效
G04	暂停时间	00	G04 X_；G04 U_；G04 P_；	单位为秒 使用 P 不能有小数点
G20	英寸输入	06		模态有效
G21	毫米输入			开机默认
G27	返回参考点检查	00	G27 X(U)_ Z(W)_	—
G28	返回参考位置		G28 X(U)_ Z(W)_	—
G32	螺纹切削	01	G32 Z(W)_ F_ (圆柱螺纹)；G32 X(U)_ Z(W)_ F_ (圆锥螺纹)	模态有效
G40	刀尖半径补偿取消	07		—
G41	刀尖半径左补偿			模态有效
G42	刀尖半径右补偿			模态有效

续表

名称	含义	组	编程格式	说明
G50	坐标系设定或最大主轴速度设定	00	G50 X(A)Z(B); G50　S_	—
G53	机床坐标系选择			模态有效
G54 ～ G59	可设定零点偏置 (确定工件坐标系)	14		模态有效
G70	精加工循环		G70 P ns Q nf	—
G71	轴向粗车循环		G71 U Δd R e ; G71 P ns Q nf UΔu WΔw (F_ S_ T_)	复合固定循环指令
G72	径向粗车循环	00	G72 W Δd Re; G72 P ns Q nf UΔu Δw (F_ S_ T_)	复合固定循环指令
G73	仿形粗车循环		G73 U Δi W Δk R d; G73 P ns Q nf U Δu W Δw (F_ S_ T_)	复合固定循环指令
G76	多头螺纹循环		G76 P mraQ ΔdminR d; G76 X(U)_ Z(W)_RiPk QΔd F l	复合固定循环指令
G90	外径/内径车削循环		G90 X(U)_ Z(W)_(F_) (切削圆柱面) G90 X(U)_ Z(W)_ R_(F_) (切削圆锥面)	单一固定循环指令
G92	螺纹切削循环	01	G92 X(U)_ Z(W)_ F_ (圆柱螺纹) G92 X(U)_ Z(W)_ R_F_ (锥螺纹)	单一固定循环指令
G94	端面车削循环		G94 X(U)_ Z(W)_(F_) (直端面车削循环) G94 X(U)_ Z(W)_ R_(F_) (锥端面车削循环)	单一固定循环指令
G96	主轴速度(恒线速度)控制	02	G96 S_	
G97	取消恒线速度控制		G97 S_	开机默认
G98	每分进给	00	G98 F_	
G99	每转进给		G99 F_	开机默认

(1) 基本代码。

① G00：快速点定位。该指令使刀具以系统预先设定的速度移动定位至指定的位置。

格式：G00 X(U) _ Z(W) _;

其中，X(U)、Z(W)分别为终点绝对坐标(增量坐标)。

② G01：直线插补指令。该指令使刀具以指定的进给速度移动定位至指定的位置，用于直线或斜线运动，可沿 X 轴、Z 轴方向作单轴运动，也可沿 XZ 平面内任意斜率作直线运动。

格式：G01 X(U)_ Z(W)_ F_;

其中，X(U)、Z(W)分别为终点绝对坐标(增量坐标)。

　　G01 指令除了作直线切削外，还可以用作自动倒角、倒圆加工。

　　a. 自动倒角指令。

　　格式：G01 Z(W)_ I(C)_；

或　　　　　G01 X(U)_ K(C)_；

其中，Z(W)、X(U)分别为终点绝对坐标(增量坐标)，I(C)、K(C)为倒角起点到终点在 X、Z 方向的增量，当终点坐标大于起点坐标时，该值为正，反之为负。具体用法如表 4.2 所示。

　　b. 自动倒圆指令。

　　格式：G01 Z(W)_ R_；

或　　　　　G01 X(U)_ R_；

其中，Z(W)、X(U)分别为终点绝对坐标(增量坐标)，R 值终点坐标大于起点坐标时，该值为正，反之为负。具体用法如表 4.2 所示。

表 4.2　倒角与倒圆的用法

类别	命令	刀具的运动
倒角 $Z \rightarrow X$	G01 Z(W)b　I(C)±i； 在右图中，到点 b 的运动可以通过绝对值或增量值定义	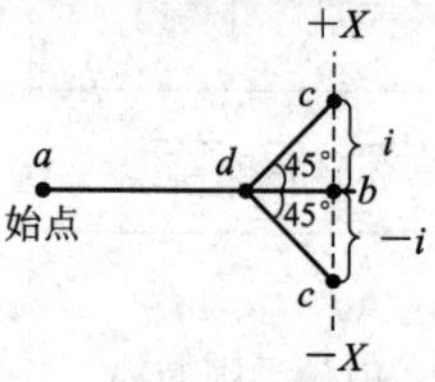 当向 $-X$ 方向进给时，为 $-i$。刀具运动：$a \rightarrow b \rightarrow c$
倒角 $X \rightarrow Z$	G01 Z(W)b　K(C)±i； 在右图中，到点 b 的运动可以通过绝对值或增量值定义	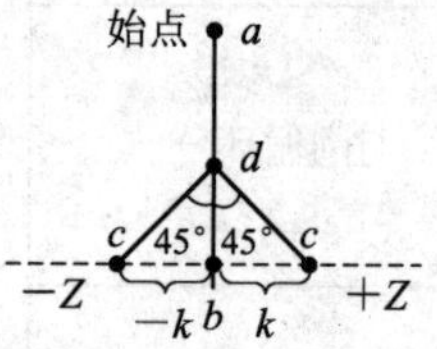 当向 $-Z$ 方向进给时，为 $-k$。刀具运动：$a \rightarrow b \rightarrow c$
倒圆 $Z \rightarrow X$	G01 Z(W)b　R±i； 在右图中，到点 b 的运动可以通过绝对值或增量值定义	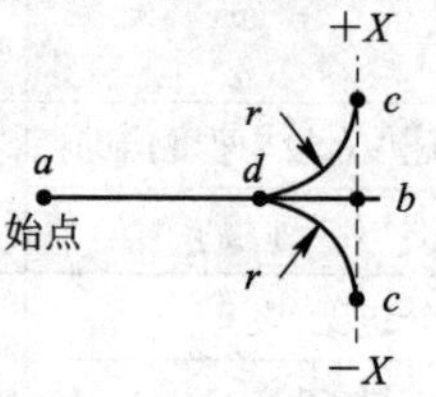 当向 $-X$ 方向进给时，为 $-r$。刀具运动：$a \rightarrow b \rightarrow c$
倒圆 $X \rightarrow Z$	G01 Z(W)b　R±i； 在右图中，到点 b 的运动可以通过绝对值或增量值定义	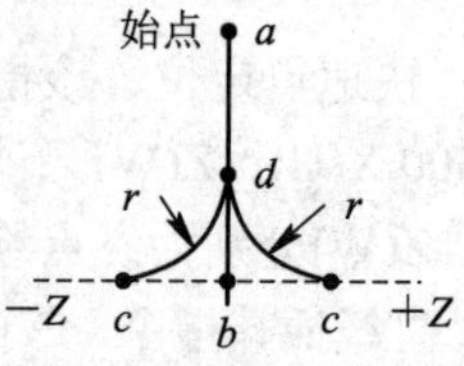 当向 $-Z$ 方向进给时，为 $-r$。刀具运动：$a \rightarrow b \rightarrow c$

③ G02/G03：圆弧插补指令。

G02 为顺时针圆弧插补指令。

　　格式：G02 X(U)_Z(W)_I_K_F_；

或　　　　　G02 X(U)_Z(W)_R_F_；

G03 为逆时针圆弧插补指令。

　　格式：G03 X(U)_Z(W)_I_K_F_；

或　　　　　G03 X(U)_Z(W)_R_F_；

其中，X(U)、Z(W)为圆弧终点位置坐标。

　　如图 4.8 所示，I、K 为圆弧起点到圆心在 X、Z 轴方向上的增量(I、K 方向与 X、Z 轴方向相同时取正，否则取负)；R 为圆弧的半径值，当圆弧角≤180°时 R 取正值，当圆弧＞180°时 R 取负值；当 I、K 和 R 同时被指定时，R 指令优先，I、K 值无效。

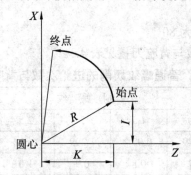

图 4.8　I、K 圆弧起点到圆心在 X、Z 轴方向上的增量

④ G04：暂停指令。该指令控制系统按指定时间暂时停止执行后续程序段。暂停时间结束则继续执行。

　　格式：G04 X_；

或　　　　G04 U_；

或　　　　G04 P_；

注意　使用 P 不能有小数点。

⑤ G32：螺纹切削指令。该指令可用于切削圆柱螺纹、圆锥螺纹及端面螺纹。

格式：G32 Z(W)_F_；(圆柱螺纹)

　　　　G32 X(U)_Z(W)_F_；(圆锥螺纹)

其中，X(U)、Z(W)为圆弧终点绝对坐标(增量坐标)，F 为螺纹的导程。

　　伺服系统因延迟而产生的不完全螺纹如图 4.9 所示，图中 δ_1 和 δ_2 分别表示进刀段和退刀段。这些不完全螺纹部分的螺距也不均匀，故决定螺纹的长度时应考虑此因素。经验公式为

$$\delta_1 = n \times \frac{L}{400} \tag{4-1}$$

$$\delta_2 = n \times \frac{L}{1800} \tag{4-2}$$

式中，n——主轴转速(r/min)；

　　　L——螺纹导程(mm)。

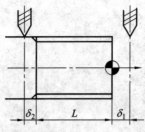

图 4.9　进刀段和退刀段

　　不同的数控系统，在车螺纹时推荐不同的主轴转速范围，大多数经济型数控车床的数控系统推荐车螺纹时主轴转速如下：

$$n \leqslant \frac{1200}{P} - k \tag{4-3}$$

式中，P——螺纹螺距(mm)；

　　　　k——保险系数，一般为 80。

　　普通螺纹切削的进给次数与背吃刀量见表 4.3。

表 4.3　普通螺纹切削的进给次数与背吃刀量

公　制　螺　纹							
螺距/ mm	1.0	1.5	2	2.5	3	3.5	4
牙深(半径值)	0.649	0.974	1.299	1.624	1.949	2.273	2.598
进给次数及背吃刀量（直径值）	1 次	0.7	0.8	0.9	1.0	1.2	1.5	1.5
	2 次	0.4	0.6	0.6	0.7	0.7	0.7	0.8
	3 次	0.2	0.4	0.6	0.6	0.6	0.6	0.6
	4 次		0.16	0.4	0.4	0.6	0.6	0.6
	5 次			0.1	0.4	0.4	0.4	0.4
	6 次				0.15	0.4	0.4	0.4
	7 次					0.2	0.2	0.4
	8 次						0.15	0.3
	9 次							0.2
英　制　螺　纹							
牙/in	24	18	16	14	12	10	8
牙深(半径值)	0.698	0.904	1.016	1.162	1.355	1.626	2.033
进给次数及背吃刀量（直径值）	1 次	0.8	0.8	0.8	0.8	0.9	1.0	1.2
	2 次	0.4	0.6	0.6	0.6	0.6	0.7	0.7
	3 次	0.16	0.3	0.5	0.5	0.6	0.6	0.6
	4 次		0.11	0.14	0.3	0.4	0.4	0.5
	5 次				0.13	0.21	0.4	0.5
	6 次						0.16	0.4
	7 次							0.17

⑥ G28：自动返回参考点指令。该指令使刀具从当前位置以快速定位(G00)移动方式，经过中间点回到机械原点。指定中间点的目的是使刀具沿着一条安全路径回到参考点。

格式：G28 X(U)_Z(W)_；

其中，X(U)、Z(W)为中间点坐标。

该指令以 G00 的速度运动。

⑦ G50：工件坐标系的设定。该指令规定刀具起刀点至工件原点的距离，建立工件坐标系。

格式：G50 X(A)Z(B)；

其中，A、B 指刀尖距工件坐标系原点的距离，如图 4.10 所示。

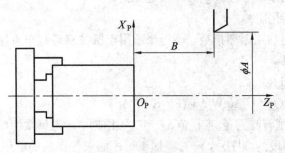

图 4.10　工件坐标系的设定

用 G50 指令建立的坐标系，是一个以工件原点为坐标系原点、确定刀具当前所在位置的坐标系。

(2) 单一固定循环指令。

① G90：轴向切削循环指令。该指令可用于圆柱面或圆锥面车削循环，如图 4.11 所示。

格式：　G90 X(U)_Z(W)_(F_)；(切削圆柱面)

　　　　G90 X(U)_Z(W)_R_(F_)；(切削圆锥面)

其中，X(U)、Z(W)为切削终点绝对(增量)坐标；R 为循环终点与起点的半径差，锥面起点坐标大于终点坐标时，该值为正，反之为负。

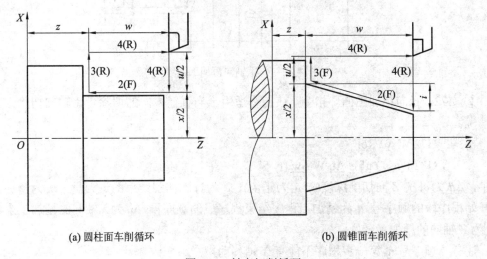

(a) 圆柱面车削循环　　　　　(b) 圆锥面车削循环

图 4.11　轴向切削循环

② G94：端面切削循环指令。该指令可用于直端面或锥端面车削循环。

格式：G94 X(U)_Z(W)_(F_)；(直端面车削循环)

　　　G94 X(U)_Z(W)_R_(F_)；(锥端面车削循环)

其中，各地址码的含义与 G90 同。

③ G92：螺纹切削循环指令。该指令可用于圆柱螺纹或锥螺纹的循环车削。

格式：G92 X(U)_Z(W)_F_；(圆柱螺纹)

　　　G92 X(U)_Z(W)_R_F_Q_；(锥螺纹)

其中，X(U)、Z(W)为螺纹切削终点坐标；R 为锥螺纹循环终点与起点的半径差，其正负判断与 G90 相同；F 为螺纹导程，Q 为螺纹起始角。

(3) 复合固定循环指令。

① G71：轴向粗加工循环指令。该指令适用于圆柱棒料粗车阶梯轴的外圆或内孔需切除较多余量时的情况。

格式：G71 U Δd R e_；

　　　G71 P ns Q nf U Δu W Δw (F_S_T_)；

其中，Δd 为每次切削背吃刀量(半径值，一定为正值)，e 为每次切削结束的退刀量；n_s 为精加工程序开始程序段的顺序号，n_f 为精加工程序结束程序段的顺序号，Δu 为 X 轴向的精加工余量(直径值，外圆加工为正，内孔为负)，Δw 为 Z 轴向的精加工余量。

注意　顺序号 n_s 第一步程序不能有 Z 轴移动指令。

G71 循环指令的刀具切削路径，如图 4.12 所示。

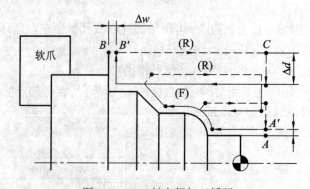

图 4.12　G71 轴向粗加工循环

② G72：径向粗加工循环指令。该指令适用于当直径方向的切除量比轴向切除量大时的情况。

格式：G72 W Δd Re；

　　　G72 P ns Q nf U Δu W Δw (F_S_T_)；

其中，Δd 为每次 Z 向切削深度(一定为正值)，e 为每次切削结束的退刀量，n_s 为精加工程序开始程序段的顺序号，n_f 为精加工程序结束程序段的顺序号，Δu 为 X 轴向的精加工余量，Δw 为 Z 轴向的精加工余量。

注意　顺序号 n_s 第一步程序不能有 X 轴移动指令。

G72 循环指令的刀具切削路径如图 4.13 所示。

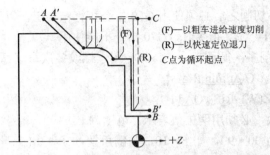

图 4.13　G72 径向粗加工循环

③ G73：仿形粗车循环指令。该指令用于零件毛坯已基本成形的铸件或锻件的加工。铸件或锻件的形状与零件轮廓相近，这时若仍使用 G71 或 G72 指令，则会产生许多无效切削，浪费加工时间。

格式：G73 U $\underline{\Delta i}$ W $\underline{\Delta k}$ R $\underline{d}$；

　　　　G73 P $\underline{ns}$ Q $\underline{nf}$ U $\underline{\Delta u}$ W $\underline{\Delta w}$（F_S_T_）；

其中，Δi 为 X 轴方向退刀距离（半径值），Δk 为 Z 轴退刀距离，d 为切削次数，其余各项含义与 G71 相同。

G73 循环指令的刀具切削路径如图 4.14 所示。

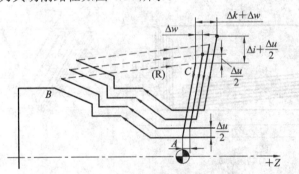

图 4.14　G73 闭环切削循环

图 4.14 中，Δi 及 Δk 为第一次车削时退离工件轮廓的距离及方向，确定该值时应参考毛坯的粗加工余量大小，以使第一次走刀切削时就有合理的切削深度，计算方法如下：

$$\Delta i(X\text{轴退刀距离}) = X\text{轴粗加工余量} - \text{每次切削深度} \tag{4-4}$$

$$\Delta k(Z\text{轴退刀距离}) = Z\text{轴粗加工余量} - \text{每次切削深度} \tag{4-5}$$

例如，若 X 轴方向粗加工余量为 6 mm，分三次走刀，每次切削深度为 2 mm，则 $\Delta i = 6 - 2 = 4$，$d = 3$。

④ G70：精加工循环指令。G71、G72 或 G73 粗加工后，该指令用于精加工。

格式：G70 P $\underline{ns}$ Q $\underline{nf}$；

其中，n_s 为精加工程序开始的程序段的顺序号，n_f 为精加工循环结束程序段的顺序号。

注意

a. 在 G71、G72 程序段中的 F、S、T 指令都无效，只有在 $n_s \sim n_f$ 之间的程序段中的 F、S、T 指令有效；

b. G70 切削后刀具会回到 G71～G73 的开始切削点；

c. G71、G72 循环切削之后必须使用 G70 指令执行精加工，以达到所要求的尺寸；

d. 在没有使用 G71、G72 指令时，G70 指令不能使用。

⑤ G76：螺纹车削多次循环指令。该指令用于螺纹多次车削循环。

格式：G76 P mra　　Q Δdmin R d;

G76 X(U)_Z(W)_RiPk QΔd F l;

其中，m 为精车削次数，必须用两位数表示，范围为 01～99；r 为螺纹末端倒角量，必须用两位数表示，范围为 00～99，如 $r = 10$，则倒角量 = $10 × 0.1 ×$ 导程=导程；a 为刀具角度，有 00°、29°、30°、55°、60° 等几种，m、r、a 都必须用两位数表示，同时由 P 指定。如 P021060 表示精车两次，末端倒角量为一个螺距长，刀具角度为 60°；$Δd_{min}$ 为最小切削深度，自动计算而得的切削深度小于 $Δd_{min}$ 时，以 $Δd_{min}$ 为准，此数值不可用小数点方式表示，如 $Δd_{min} = 0.02$ mm，需写成 Q20；d 为精车余量；X(U)、Z(W) 为螺纹终点坐标，X 即螺纹的小径，Z 即螺纹的长度；i 为车锥螺纹时，终点 B 到起点 A 的向量值，若 $i = 0$ 或省略，则表示车削圆柱螺纹；k 为 X 轴方向螺纹深度，以半径值表示，$Δd$ 为第一刀切削深度，以半径值表示，该值不能用小数形式表示，如 $Δd = 0.6$ mm，需写成 Q600；l 为螺纹的螺距。

G76 循环指令的刀具切削路径如图 4.15 所示。

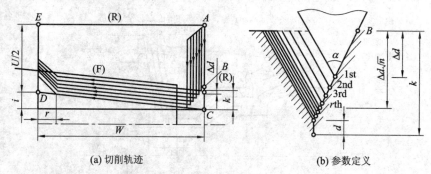

(a) 切削轨迹　　　　　　　　(b) 参数定义

图 4.15　G76 螺纹车削多次循环

2) 辅助功能 M 代码

辅助功能指令由字母(地址符)M 和其后的两位数字组成，即 M00～M99，共有 100 种。这种指令主要用于机床加工操作时的工艺性指令，常用的 M 代码如表 4.4 所示。

表 4.4　辅助功能指令

M 代码	功　　能	M 代码	功　　能
M00	程序停止	M12	尾顶尖伸出
M01	选择停止	M13	尾顶尖缩回
M02	程序结束	M21	门打开可执行程序
M03	主轴顺时针转动	M22	门打开无法执行程序
M04	主轴逆时针转动	M30	程序结束返回程序头
M05	主轴停止	M98	调用子程序
M08	冷却液开	M99	子程序结束
M09	冷却液关		

3) 进给功能代码(F 功能)

(1) G99：每转进给量设定。

格式：G99　F_；

G99 中进给量 F 的单位为 mm/r。

(2) G98：每分钟进给量设定。

格式：G98　F_；

G98 中进给量 F 的单位为 mm/min。

注意　数控车床中，当接入电源时，机床进给方式默认为 G99。

4) 主轴转动功能代码(S 功能)

(1) G50：主轴最高转速设定。该指令可防止因主轴转数过高而离心力太大，产生危险及影响机床寿命。

格式：G50　S_；

其中 S 指令给出主轴最高转速。

(2) G96：主轴转速(恒线速)设定。

格式：G96 S_；

其中 S 设定主轴线速度，即切削速度恒定(m/min)。该指令在切削端面或工件直径变化较大时使用，转速与线速度的转换关系为

$$n = \frac{1000v}{\pi d} \tag{4-6}$$

式中，v——线速度，m/min；

　　　d——已加工表面的直径，　mm；

　　　n——主轴转速，r/min。

(3) G97：取消主轴恒线速度(r/min)。

格式：G97　S_；

5) 刀具功能代码(T 功能)

该指令可指定刀具号及刀具补偿号。

格式：T□□□□；

T 指令后，前两位指定刀具序号，后两位指定刀具补偿号。

注意

(1) 刀具序号尽量与刀塔上的刀位号相对应；

(2) 刀具补偿包括几何补偿和磨损补偿；

(3) 为使用方便，尽量使刀具序号和刀具补偿号保持一致；

(4) 取消刀具补偿，T 指令格式为：T　□□00。

5. 数控车床刀具补偿功能

在编程时，通常将车刀刀尖作为一点考虑(即假想刀尖位置)，所指定的刀具轨迹就是假想刀尖的轨迹，但实际上刀尖部分是带有圆角的，如图 4.16 所示。

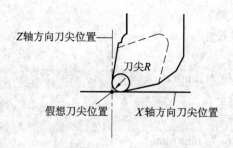

图 4.16　刀尖半径与假想

在实际操作当中，以假想刀尖编程在加工端面或外圆、内孔等与 Z 轴平行的表面时，没有误差，但在进行倒角、斜面、圆弧面切削时就会产生少切或过切，造成零件加工精度误差，如图 4.17 所示。

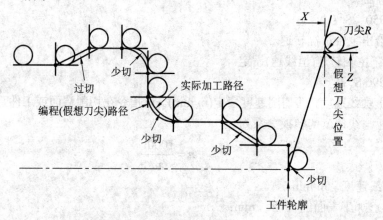

图 4.17　刀尖圆角 R 造成的少切和过切

在不改变程序的情况下，为使刀具切削路径与工件轮廓一致，加工出的工件尺寸符合要求，就必须使用刀尖圆弧半径补偿指令。

G40：取消刀具补偿，通常写在程序开始的第一个程序段及取消刀具半径补偿的程序段；

G41：刀具左补偿，从第三轴(Y 轴)正向向负向看，在刀具路径前进方向上，刀具沿左侧进给，使用该指令；

G42：刀具右补偿，从第三轴(Y 轴)正向向负向看，在刀具路径前进方向上，刀具沿右侧进给，使用该指令，如图 4.18 所示。

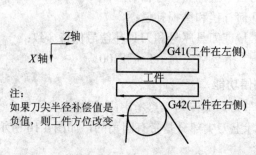

图 4.18　G41、G42 指令

　　不同的数控车床用刀具在工作中假想刀尖的位置不同，因此要输入假想刀尖位置序号。对于前置刀架和后置刀架，假想刀尖位置序号各有 10 个，如图 4.19 所示。

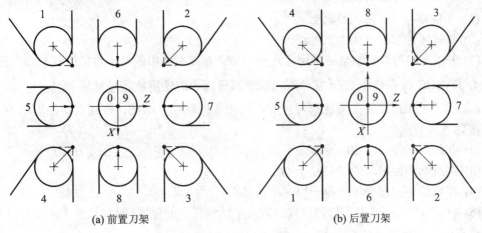

(a) 前置刀架　　　　　　　　　　　　　　　　　(b) 后置刀架

· 代表刀具刀位点，＋代表刀尖圆弧圆心

图 4.19　假想刀尖位置序号

　　几种数控车床用刀具的假想刀尖位置如图 4.20 所示。

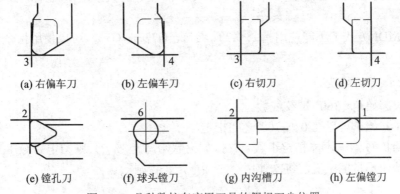

(a) 右偏车刀　　　　(b) 左偏车刀　　　　(c) 右切刀　　　　(d) 左切刀

(e) 镗孔刀　　　　(f) 球头镗刀　　　　(g) 内沟槽刀　　　　(h) 左偏镗刀

图 4.20　几种数控车床用刀具的假想刀尖位置

4.2.2　数控车床加工技巧与禁忌

1. G71 循环指令编程技巧与禁忌

(1) G71 精加工程序段的第一句只能写 X 值，不能写 Z 或 X、Z 同时写入。

(2) 该循环的刀具起始点位于毛坯外径处。

(3) 该指令不能切削凹形的轮廓。

2. G72 循环指令编程技巧与禁忌

(1) G72 精加工程序段的第一句只能写 Z 值，不能写 X 或 X、Z 同时写入。

(2) 该循环的起刀点位于毛坯外径处。

(3) 该指令不能切削凹形轮廓。

（4）由于刀具切削时的方向和路径不同，要调整好刀具装夹方向。

3. G73 循环指令编程技巧与禁忌

（1）该指令可以切削凹形轮廓。

（2）该循环的起刀点要大于毛坯外径。

（3）X 轴方向的总切削余量是用毛坯外径减去轮廓循环中的最小直径值。

4. FANUC 0i 系统中 G76 复合固定螺纹循环指令的使用技巧与禁忌

（1）由于主轴速度发生变化有可能切不出正确的螺纹，因此，在螺纹切削期间不要使用恒线速度控制指令 G96。

（2）在螺纹切削期间进给速度倍率无效(固定 100%)，主轴速度固定在 100%。

（3）螺纹循环回退功能对 G32 无效。

（4）在螺纹切削程序段的前一程序中不能指定倒角或倒圆。

（5）在螺纹切削前，刀具起始位置必须大于螺纹直径的位置，锥螺纹按大头直径计算，否则会出现扎刀现象。

（6）通常由于伺服系统的滞后等原因，会在螺纹切削的起点和终点产生不正确的导程，因此，螺纹起点和终点位置应当比指定的螺纹长度要长。

（7）用 G92 或 G76 切削锥螺纹时，由于刀具的起点和终点位置可能不是螺纹起点和终点位置，因此螺纹半径差值应为刀具起点和终点位置的大小端半径差，否则螺纹锥度不正确。

（8）在 MDI 方式下不能使用指令 G70、G71、G72 或 G73，可以使用指令 G74、G75 或 G76。

5. G92 指令使用技巧

（1）螺纹起始角= 360°/螺纹线数。

（2）螺纹起始角可以在 0°～360°之间指定。

（3）起始角 Q 增量不能指定小数点，即如果起始角为 180°，则指定为 Q180000。

（4）起始角不是模态值，每次使用都必须指定，否则默认为 0°。

4.3　VNUC 数控车床仿真

　　VNUC 数控加工仿真系统是一款综合了三维实体造型与真实图形显示技术、虚拟现实技术，融合了机床、机械加工、软件开发等多学科，采用三维形体 OpenGL 开发类库实现动画效果的软件。该软件全面再现了机床加工操作细节，使仿真数控机床在开动和切削过程中，其音响、动画等功能的操作接近真实效果，实现了数控机床操作仿真、数控系统仿真、教学仿真等多种功能，为数控加工技术培训提供了全新的模式。

4.3.1　启动及基本设置

　　下面我们以 FANUC 0i mate-TC 系统数控车床为例，具体讲述上机模拟仿真操作步骤。

1. 启动单机版软件

双击电脑桌面上的软件图标，或者依次点击 Windows 的"开始"→ "程序"组→ "LegalSoft"→ "VNUC4.0"→ "单机版"→ "VNUC4.0 单机版"，就可打开 VNUC系统。

2. 选择机床类型和数控系统

点击主菜单"选项"→ "选择机床和系统"，如图 4.21 所示，在弹出的如图 4.22 所示的"选择机床与数控系统"对话框中，"机床类型"选择"卧式车床"，"数控系统"选择"FANUC 0i Mate-TC"，"机床面板"选择"沈阳机床厂"。

图 4.21　主菜单"选项"对话框

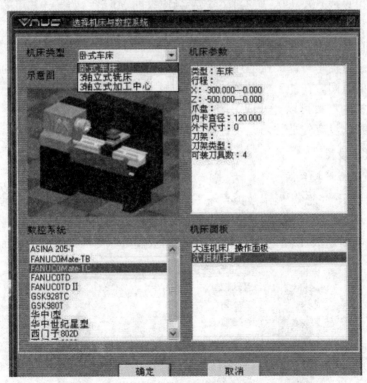

图 4.22　"选择机床与数控系统"对话框

3. 系统参数设置

点击主菜单"选项"下的"参数设置"，会弹出"软件参数设置"对话框，如图 4.23 所示，用户可以在这里设置程序运行倍率，打开或关闭加工声音。

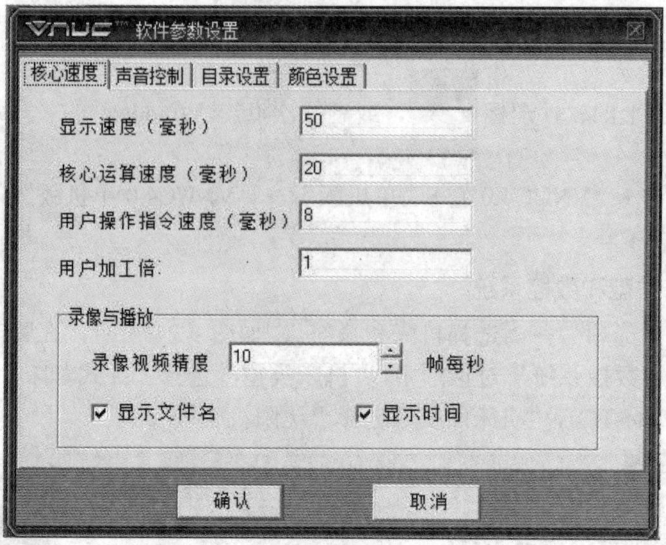

图 4.23　"软件参数设置"对话框

在"核心速度"页可以设置加工倍率(图中"用户加工倍")。铣床、车床和加工中心的倍率值最多可设成 50，即将加工速度提高为原来的 50 倍。如果计算机的硬件配置不是很高，建议不要设 20 以上的值，以免造成死机或出现其他运行故障。完成设定后，按"确认"键，窗口自动关闭。

设置程序运行倍率可以加快毛坯的加工时间，在加工一些大型、复杂的零件时，可以大大节省等待的时间。在加工前以及加工过程中均可以随时修改运行倍率。

在"声音控制"页可以打开或关闭主轴转动和切削毛坯时的声音。"声音开关"项前面打上钩是打开，没有勾是关闭。设置完后按"确认"键，窗口自动关闭。

4. 机床显示设置

1) 隐藏和显示数控系统

如图 4.24 所示，"隐藏/显示数控系统"选项的作用是显示或者不显示主界面右侧的数控系统面板。VNUC 系统主界面的默认设置是左侧为机床加工显示区，右侧为数控系统面板，使用"隐藏/显示数控系统"后，数控系统面板便可以更清楚地观看到加工过程。

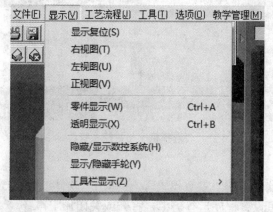

图 4.24　机床显示设置

选择执行：选择菜单栏"显示"下的"隐藏/显示数控系统"；或右键单击显示窗口中的任意处，选择弹出菜单中的"隐藏/显示数控系统"。

当前数控系统面板可见时，使用这个命令可以隐藏面板；数控系统不可见时，使用这个命令则显示面板。

2) 隐藏和显示手轮

"显示/隐藏手轮"的用处是打开或关闭手轮。在默认状态下，手轮是不显示的，需要使用手轮时，可使用该命令使手轮出现在机床显示区右下方。不用时，再按一下该命令项即可关闭手轮。

选择执行：选择菜单栏"显示"下的"显示/隐藏手轮"；或右键单击显示窗口中的任意处，选择弹出菜单中的"显示/隐藏手轮"。

3) 扩大、缩小

(1) 按下主界面左下方的图标 🔍，选中该图标后，图标会由灰色转成彩色。

(2) 将光标移到机床上的任意处。

(3) 按下鼠标左键，按住并向下/上轻轻拖动。

(4) 放大/缩小至满意大小时松开鼠标。

4) 局部扩大

(1) 按下主界面左下方的图标 🔍，选中该图标后，图标会由灰色转成彩色。

(2) 将光标移到机床上需要放大的部位，按下并拖动鼠标左键，随着鼠标的拖动，该部位周围出现一个方框。鼠标拖动得越远，方框越大，被放大的区域也就越大。

5) 旋转机床

(1) 按下主界面左下方的图标 🔄，选中该图标后，图标会由灰色转成彩色。

(2) 将光标移到机床上的任意处。

(3) 按下鼠标左键，按住并向目的方向拖动鼠标，机床会随鼠标旋转。

(4) 旋转至满意位置时松开鼠标。

6) 移动机床

(1) 按下主界面左下方的移动图标 ✥，选中该图标后，图标会由灰色转成彩色。

(2) 将光标移到机床上的任意处。

(3) 按下鼠标左键，按住并向目的方向拖动鼠标，机床会随鼠标移动。

(4) 移动至满意位置时松开鼠标。

7) 机床显示复位

显示复位就是将机床图像设成初始大小和位置。无论当前机床图像放大或缩小了多少、方向位置如何调整，只要使用"显示复位"选项，都可使机床的大小、方向恢复到初始状态，也就是刚进入系统时的样子。

选择执行：单击菜单栏"显示"下的"显示复位"；或将光标移到机床上的任意位置，然后点击鼠标右键，在弹出的右键菜单中选择"显示复位"。

8) 机床正/左/右/俯视图

使用"正/左/右/俯视图"选项，可快速地使机床的正/左/右/俯面正对主窗口。

选择执行：单击菜单栏"显示"下的"正/左/右/俯视图"；或将光标移到机床上的任意位置，然后点击鼠标右键，在弹出的右键菜单中选择"正/左/右/俯视图"。

9) 透明显示

使用"透明显示"选项，可使机床变为透明，从而突出显示零件。

选择执行：选择菜单栏"显示"下的"透明显示"；或右键单击显示窗口中的任意处，选择弹出菜单中的"透明显示"。再按一下该菜单，就可以取消该操作，恢复显示机床。

4.3.2　FANUC 机床面板的介绍

FANUC 0i Mate-TC 系统数控车床的操作面板主要由 NC 操作面板及机床控制面板组成。

1. NC 操作面板及各键基本功能

NC 操作面板如图 4.25 所示，操作面板上各个符号的功能和使用方法如表 4.5 所示。

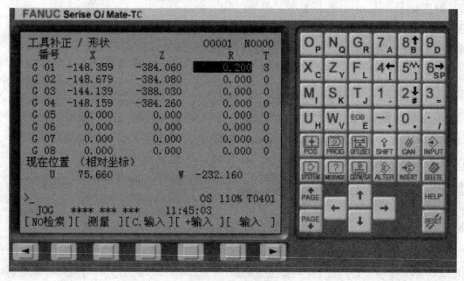

图 4.25　操作面板

表 4.5　面板上各个符号的功能

图标	名称	基本功能
RESET	复位键	按此键可使 CNC 复位，用以消除报警等
HELP	帮助键	按此键可显示如何操作机床，如 MDI 键的操作；也可在 CNC 发生报警时提供报警的详细信息(帮助功能)
（空白软键图标）	软键(在屏幕下方，共 5 个)	根据其使用的场合，对应各功能键。软键功能显示在 CRT 屏幕的底部

图 标	名 称	基 本 功 能
7 A	地址、符号和数字键(共 24 个)	按这些键可输入字母、数字以及其他字符
↑ SHIFT	换挡键	键盘上一些键具有两个功能,按下 SHIFT 键,可在两个功能之间进行切换。当一个特殊字符^在屏幕上显示时,表示键面右下角的字符可以输入
→ INPUT	输入键	当按下地址键或数字键之后,数据被输入到缓冲器,并在 CRT 屏幕上显示出来。为了把输入到缓冲器中的数据拷贝到寄存器,按 INPUT 键。这个键相当于软键的输入键,按此二键的结果是一样的
CAN	取消键	按此键可删除已输入到缓冲器的最后一个字符或符号
→ INSERT	程序编辑键(共 3 个:ALTER、INSERT、DELETE)	当编辑程序时可按这些键。ALTER:替换键;INSERT:插入键;DELETE:删除键
POS	功能键	按此键可显示位置画面
PROG	功能键	按此键可显示程序画面
OFS/SET	功能键	按此键可显示刀偏/设定(SETTING)画面
SYSTEM	功能键	按此键可显示系统画面
? MSSAGE	功能键	按此键可显示信息画面
CSTM/GR	功能键	按此键可显示用户宏画面或图形画面
↑	光标移动键(共 4 个)	这 4 个键用于将光标向左或向右、向上或向下移动
↑ PAGE	翻页键(共 2 个)	这 2 个键用于在屏幕上朝前或朝后翻一页

2. 机床操作控制面板

如图 4.26 所示为机床操作控制面板。

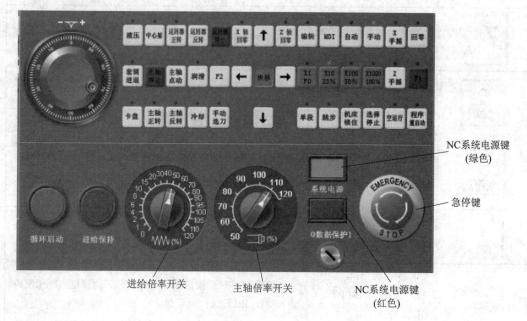

图 4.26　控制面板

1) 电源控制部分

(1) NC 系统电源键(绿色)：按此键数秒后，荧光屏出现显示，表示控制机已通入电源，准备工作。

(2) NC 系统电源键(红色)：按此键后，控制机电源切断，荧光屏显示消失，控制机断电。

(3) 急停键：在紧急情况下按此键，则机床各部分将全部停止运动，NC 控制系统处于"清零"状态，并切断主电机系统。如再次启动必须先进行"回零"操作。

2) 刀架移动控制部分

(1) 点动键(↑、↓、→、←)：用于控制刀架移动。在手动状态下，点动进给倍率开关和快移倍率开关配合使用可实现刀架在某一方向的运动。在同一时刻只能有一个坐标轴移动。

(2) 快移键：当此键与点动键同时按下时，刀架按快移倍率开关 F0、25%、50%、100% 选择的速度快速移动。

(3) 快移倍率开关(F0、25%、50%、100%)：可改变刀架的快移速度。

(4) 进给倍率开关：在刀架进行自动执行程序时调整进给倍率。在 0~120%区间，刀架进行点动时，可以选择点动进给量，在空运转状态下，自动进给操作的 F 码无效。

(5) "回零"操作：在"回零"方式下，分别按 X 轴或 Z 轴的正方向按钮不松手，则 X 轴或 Z 轴以指定的倍率向正方向移动，当压合回零开关时机床刀架减速，以设定的低进给速度移到回零点。相应的 X 轴或 Z 轴回零指示灯亮，表示刀架已回到机床零点位置。

(6) "手摇轮"操作：将状态开关选在"X 手摇"或"Z 手摇"状态，与手摇倍率开关 X1、X10、X100、X1000 配合使用，通过摇动手摇轮实现刀架移动。每摇一个刻度，刀架将走 0.001 mm、0.01 mm、0.1 mm、1 mm。

(7) "X 手摇""Z 手摇"键：按下"X 手摇"或"Z 手摇"键，指示灯亮，机床处于 X 轴或 Z 轴手摇进给操作状态，操作者可以通过手摇轮来控制刀架 X 轴或 Z 轴的运动方向。其速度快慢可由 X1、X10、X100、X1000 四个键来控制。

3) 主轴控制部分

(1) "主轴正转"键：按下此键，主轴将顺时针旋转(面对主轴端面定义)，键内指示灯亮，此键仅在手动状态下起作用。若主轴正在反转，则必须先按"主轴停"键，待主轴停转后，再按"主轴正转"键。主轴的转速由手动数据输入或程序中的 S 码指令决定。

(2) "主轴反转"键：按下此键，主轴将逆时针旋转(面对主轴端面定义)，键内指示灯亮，此键仅在手动状态下起作用。若主轴正在正转，则必须先按"主轴停"键，待主轴停转后，再按"主轴反转"键。主轴的转速由手动数据输入或程序中的 S 码指令决定。

(3) "主轴停止"键：此按钮一按下，主轴立即停止旋转，该按钮在所有状态下均起作用。在自动状态下时，此键一按下，主轴立即停止，若重新启动主轴则必须把状态开关放在手动位置，再按相应主轴正反转键。

(4) 主轴倍率开关：此开关可以调整主轴的转速，即改变 S 码速度，使之按主轴转速的 50%～120% 发生变化。此开关在任何工作状态下均起作用。

4) 工作状态控制部分

状态键可选择下列各种状态。

(1) "编辑"状态：在此状态下，可以把工件程序读入 NC 控制机，并对程序进行修改、插入和删除。

① 新建程序。

a. 选择 EDIT 方式；

b. 按"PRGRM"键；

c. 输入地址 O 和四位数字程序号，按"INSERT"键将其存入存储器，并以此方式将程序依次输入。

② 寻找程序。

a. 选择 EDIT 方式；

b. 按"PRGRM"键；

c. 当屏幕上显示某一不需要的程序时，按下软键"DIR"；

d. 输入想调用的程序号(例如：O1234)。

③ 删除程序。

a. 选择 EDIT 方式；

b. 按"PRGRM"键，输入要删除的程序号；

c. 按"DELETE"键，可以删除此程序号的程序。

④ 文字的插入、变更和删除。

a. 选择 EDIT 方式；

b. 按 "PRGRM" 键，输入要编辑的程序号；

c. 移动光标，检索要变更的字；

d. 进行文字的插入、变更和删除等编辑操作。

(2) "自动" 状态：在此状态下，可进行存储程序的顺序号检索。当加工程序在 MDI 状态下编好后，按下此键，指示灯亮，机床进入自动操作方式。再按下 "循环启动" 键，机床按照程序指令连续自动加工。

(3) "MDI" 状态：在手动数据输入状态下，可以通过 NC 控制机的操作面板上的键盘把数据送入 NC 控制机中，所送数据均能在荧光屏上显示出来，按 "循环启动" 键启动 NC 控制机，执行所输入的程序。

(4) "手动" 状态(即 JOG 状态)：按下此键，指示灯亮，机床进入手动操作方式。此时可实现机床各种手动功能的操作。

5) 循环控制部分

(1) "循环启动" 键：按此键，使用编辑及手动方式输入 NC 控制机内的程序被自动执行，在执行程序时，该键内的指示灯亮，当执行完毕时指示灯灭。

(2) "进给保持" 键：当机床在自动循环操作中，按此键，刀架运动立即停止，循环启动指示灯灭，进给保持键指示灯亮。"循环启动" 键可以消除进给保持，使机床继续工作。在 "进给保持" 状态下，可以对机床进行任何的手动操作。

注意　螺纹切削时，"进给保持" 键无效。

(3) "选择停" 键：此键有两个工作状态。当机床在自动循环操作中，"选择停" 键被按下时，"选择停" 指示灯亮，程序中有 M01(选择停)指令时，机床将停止工作，若需继续工作，则再按 "循环启动" 键，可以使 "选择停" 功能取消，使机床继续按规定的程序执行动作。

(4) 程序段 "跳步" 键：此键有两个工作状态。当按下此键时，指示灯亮，表示 "程序段跳步" 功能有效；再按下此键，指示灯灭，表示取消了 "程序段跳步" 功能。在 "程序段跳步" 功能有效时，运行程序中有 " / " 标记的程序段不执行，也不能进入缓冲寄存器，程序执行转到跳步程序段的下一段，即无 " / " 标记的程序段。在 "程序段跳步" 功能无效时，运行程序中带有 "/" 标记的程序段执行。因而，程序中的所有程序段均被依次执行。

(5) "单程序段" 键：此键有两个工作状态。当按一下此键时，指示灯亮，表示 "单段" 功能有效；再按一下此键，指示灯灭，表示 "单段" 功能取消。当 "单段" 功能有效时，每按一下 "循环启动" 键，机床只执行一个程序段的指令。

(6) "空运转" 键：当按一下此键时，指示灯亮，表示 "空运转" 功能有效。此时程序中的全部 F 码都无效，机床的进给按点动倍率选择开关所选定的进给量(mm/min) 来执行。

注意　空运转只是在自动状态下快速检验运动程序的一种方法，不能用于实际的零件切削中。

(7) "机床锁住" 键：此键有两个工作状态。当按一下此键时，指示灯亮，表示 "机床锁住" 功能有效，此时机床刀架不能移动，也就是机床进给不能执行，但程序的执行和显示都正常；再按一下此键，指示灯灭，表示本功能取消。

3. 程序的加载和修改

如果工件的加工程序较长、较复杂时，最好先用其他软件编程，保存成代码文件，然后导入系统。点击菜单栏"文件"下的"加载 NC 代码文件"就可导入编写的程序。程序文件名必须是文本文件(＊.txt)，不允许使用 Word 输入的文本。程序名前加"%"，如"%O1234"。

输入的程序若需要修改，可对其进行编辑操作。将方式开关置于编辑状态，利用编辑键进行增加、删除、修改等操作。

4. 定义毛坯和装夹

如图 4.27 所示，打开"工艺流程"菜单，选择"毛坯"，可弹出如图 4.28 所示的"毛坯零件列表"窗口。

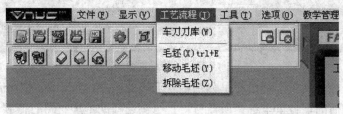

图 4.27　"工艺流程"菜单

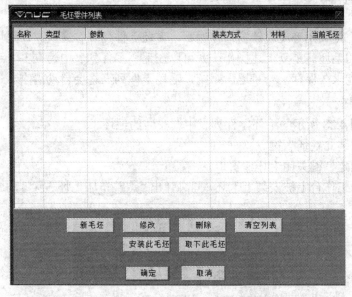

图 4.28　"毛坯零件列表"窗口

1) 新建毛坯

如图 4.28 所示按窗口中的"新毛坯"键，弹出毛坯设置窗口，如图 4.29 所示。在窗口左侧设置毛坯的有关参数，右侧查看框里显示设置的情况；在"名称"这一项设置毛坯名称。系统默认的刀名是"毛坯 1"。可根据建立的毛坯数量命名为毛坯 1、毛坯 2、…，也可使用其他名称。

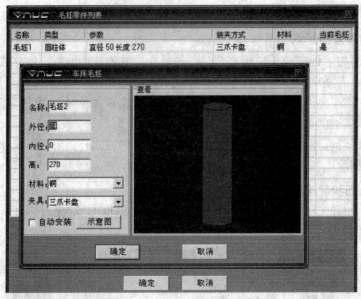

图 4.29　毛坯设置窗口

在外径、内径、高三个空白栏里分别输入毛坯的尺寸，尺寸单位为mm。

在"材料"后的下拉单里选择所需材料。可供选择的毛坯材料有低碳钢、12 钢等 73 种。可根据要加工的零件工艺要求来选择。

在"夹具"下拉单里选择夹具，如"三爪卡盘"。

按"确定"键关闭毛坯设置窗口，返回"毛坯零件列表"窗口。在毛坯零件列表中出现了方才建立的毛坯。重复上述操作，就可以在毛坯零件列表中建立多个毛坯。但是这里建立的毛坯不能永久保存，一旦退出系统，毛坯零件列表将会自动清空。

2）安装毛坯

(1) 选中图 4.28 所示的毛坯零件列表中要安装的毛坯。

(2) 按"安装此毛坯"键。

(3) 按"确定"键关闭毛坯库窗口。

(4) 机床的工作台上被安装上毛坯，同时弹出"调整车床毛坯"窗口，如图 4.30 所示。

图 4.30　"调整车床毛坯"窗口

(5) 点击"向左"或"向右"键，可以调整毛坯和夹具的相对位置。点击"掉头"键，系统会自动把毛坯掉个头，以便加工毛坯的另一端。

(6) 调整完毕后，按"关闭"键。

3) 修改毛坯

(1) 在毛坯零件列表中选中要修改的毛坯。

(2) 按"修改"键，弹出毛坯设置窗口。

(3) 修改参数。

4) 删除毛坯

删除毛坯是指删除已经建立的毛坯。操作步骤如下：

(1) 在毛坯零件列表中选中要删除的毛坯。

(2) 弹出提示框问是否删除该毛坯，按"确定"键，该毛坯从毛坯列表中消失。

(3) 在毛坯设置窗口中按"确定"键，修改的内容可被保存。

5) 拆除毛坯

拆除毛坯是指将毛坯从工作台上取下。被拆除下的毛坯仍在毛坯列表里，还可以再次安装使用。

(1) 点击主界面菜单栏"工艺流程"下的"毛坯"项，打开毛坯库窗口。

(2) 选中毛坯列表中要拆卸的毛坯。

(3) 按"取下此毛坯"键。

(4) 弹出提示框问是否取下该毛坯，按"是"。

(5) 按"确认"键关闭毛坯库窗口，机床工作台上的毛坯即被取下。

6) 移动毛坯

(1) 点击主界面菜单栏"工艺流程"下的"移动毛坯"项，出现调整窗口。

(2) 点击"向左"或"向右"键，可以调整毛坯和夹具的相对位置。点击"掉头"键，系统会自动把毛坯掉个头，以便加工毛坯的另一端。

(3) 调整完毕后，按"关闭"键。

5. 选择数控车刀

1) 建立和安装新刀具

当进入数控车床系统后，点击主界面菜单栏"工艺流程"下的"车刀刀库"项，就可以打开车床的刀具库，如图 4.31 所示。

刀具库最多可建立四把刀。建立的刀具文件可以保存在计算机中，以后可以随时导入刀具库。

(1) 在刀具库左侧的刀具列表中点击选中一把刀。

(2) 选择一种刀具类型。系统预设了四种类型刀具：外圆车刀、内孔车刀、螺纹车刀、切断车刀。

(3) 点击其中一种类型的刀后，窗口会显示该类型刀具的具体参数，根据加工工艺需要进行设定。

(4) 完成设置后，按"完成编辑"键。刀具列表中将出现新建立的刀具。

(5) 重复上述操作，直到建立所有需要的刀具。

(6) 按刀具库窗口下方的"确定"键，窗口自动关闭。同时，车床的刀架上出现新建立的刀具。

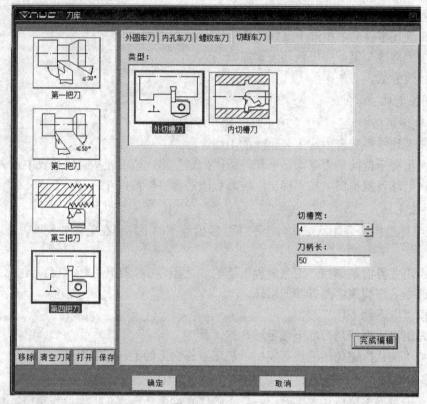

图 4.31　刀具库

2) 移除刀具

(1) 在刀具列表中点击欲移除的刀。

(2) 按"移除"键，该刀具即从刀具列表中消失。

(3) 按刀具库窗口下方的"确定"键，窗口自动关闭。同时车床的刀架上该把刀的刀位空出。

3) 保存刀具文件

(1) 在刀具列表中点击欲保存的刀。

(2) 按"保存"键。

(3) 弹出 Windows 另存为对话框，选择存放路径，输入刀具名称，然后按"保存"键将其保存在计算机中。

(4) 按"确定"键关闭窗口。

4) 载入刀具文件

(1) 在刀具列表中点击一把空刀。

(2) 按"打开"键。

(3) 弹出 Windows 打开对话框，选择刀具存放的文件夹，点击刀具文件，将其打开。

(4) 按"确定"键关闭窗口。

5) 对刀操作

(1) 执行机床回零动作，确认原点回零指示灯亮。

(2) 在 MDI 方式下使主轴转动，并选择所需要的刀具。

(3) 模式选择手轮式点动方式。

(4) 试切对刀。

Z 方向：

① 移动刀架靠近工件，使刀尖轻擦工件端面后沿+X 方向退；

② 按"OFS/SET"键，进入参数设置界面；

③ 按"补正"软键；

④ 按"形状"软键；

⑤ 输入"Z0"至所选刀具量的 Z 值；

⑥ 按"测量"软键。

X 方向：

① 在 MDI 方式旋转主轴；

② 移动刀架靠近工件，使刀尖轻擦工件外圆后沿＋Z 方向退出；

③ 主轴停止转动，测量工件外径；

④ 按"OFS/SET"键，进入参数设置界面；

⑤ 按"补正"软键；

⑥ 按"形状"软键；

⑦ 输入工件外径值"X"至所选刀具量的 X 值；

⑧ 按"测量"软键。

当 X、Z 方向对刀完毕时，按下"PRGRM"键返回。

6) 中断恢复

数控车床在按程序自动循环加工零件过程中，可以任意暂停加工程序并将刀具退离工件，停止主轴转动，以便检查和测量被加工的零件，以及进行其他操作。在恢复原工作状态和刀具位置后可以继续启动运行程序。

假设机床正在运行，加工零件者执行上述过程，则其操作方法如下：

(1) 按"进给保持"键，机床进给停止，中断运行程序；

(2) 状态开关由自动状态改变到手动状态；

(3) 用"点动""步进"或"手摇"将刀具退离工件；

(4) 按"主轴停止"键，使主轴停止转动；

(5) 进行工件的检测及其他工作；

(6) 按"主轴启动"键，使其转向与原来一样；

(7) 用"点动""步进"或"手摇"将刀具返回到原位置；

(8) 将状态开关再改回原状态；

(9) 按"循环启动"键，解除进给保持状态，中断的程序将被重新启动继续进行零件加工。

4.3.3　试切对刀及仿真加工

在车床加工操作中，采用试切法对刀时，可使用"测量"视图来测量毛坯的直径。

使用测量法测量毛坯直径的方法如下：

(1) 在车床上安装毛坯。

(2) 试切对刀。选择菜单栏"工具"→"测量"，弹出"测量工件"窗口，如图 4.32 所示，窗口中的框表示毛坯，当鼠标指向毛坯时，毛坯变为黄色，鼠标上有叉号，绿色十字为测量位置；在窗口左侧可选择测量直径、圆弧、长度、倒角。

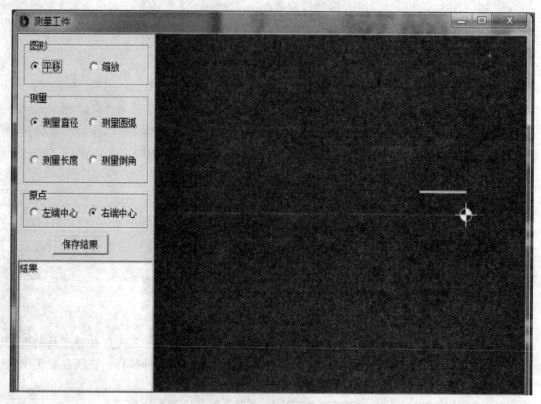

图 4.32　测量工件

采用试切削外圆和端面，设置刀具长度补偿参数，操作如下：

① 设置刀具长度补偿参数。安装毛坯和刀具→手动模式→主轴正转→1 号刀与工件外圆轻轻接触→Z 方向退刀→X 方向手轮进 1 mm→试切外圆→主轴停止→测量直径→"OFS/SET"键→"形状"→输入"X"和直径值→"测量"。

② 设置刀具长度补偿参数。主轴正转→1 号刀与工件端面轻轻接触→X 方向退刀→Z 方向手轮进 0.5 mm→试切到中心→主轴停止→测量端面到零点的距离→输入"Z"和距离值→"测量"。

(3) 运行机床。

在开始加工前检查倍率和主轴转速，然后选择自动方式，按下"循环启动"键，机床开始自动加工。

4.4　数控车床加工实例

4.4.1　典型轴类零件加工实例

1. 轴类零件数控车削工艺分析

典型轴类零件如图 4.33 所示，零件材料为 45 号钢，无热处理和硬度要求，试对该零件进行数控车削工艺分析。

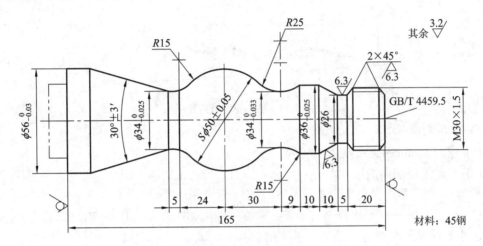

图 4.33　典型轴类零件

1) 零件图工艺分析

该零件表面由圆柱、圆锥、顺圆弧、逆圆弧及螺纹等表面组成。其中多个直径尺寸有较严格的尺寸精度和表面粗糙度等要求；球面 $S\phi50$ mm 的尺寸公差还兼有控制该球面形状(线轮廓)误差的作用。尺寸标注完整，轮廓描述清楚。零件材料为 45 号钢，无热处理和硬度要求。

通过上述分析，可采用以下几点工艺措施：

(1) 对图样上给定的几个精度要求较高的尺寸，因其公差数值较小，故编程时不必取平均值，而全部取其基本尺寸即可。

(2) 在轮廓曲线上有三处为圆弧，其中两处为既过象限又改变进给方向的轮廓曲线，因此在加工时应进行机械间隙补偿，以保证轮廓曲线的准确性。

(3) 毛坯选 $\phi60$ mm 棒料。为便于装夹，坯件左端应预先车出夹持部分(双击画线部分)，右端面也应先粗车并钻好中心孔。

2) 选择设备

根据被加工零件的外形和材料等条件，选用 CAK6136 数控车床。

3) 确定零件的定位基准和装夹方式

(1) 定位基准：确定坯料轴线和左端大端面(设计基准)为定位基准。

(2) 装夹方法：左端采用三爪自定心卡盘，定心夹紧，右端采用活动顶尖支撑的装夹方式。

4) 确定加工顺序及进给路线

加工顺序按由粗到精、由近到远的原则确定。即先从右到左进行粗车(留 0.25 mm 车余量)，然后从右到左进行精车，最后车削螺纹。

CAK6136 数控车床具有粗车循环和车螺纹循环功能，只要正确使用编程指令，机床数控系统就会自动确定其进给路线。因此，该零件的粗车循环和车螺纹循环不需要人为确定其进给路线(但精车的进给路线需要人为确定，即从右到左沿零件表面轮廓精车进给，如图 4.34 所示)。

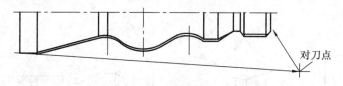

图 4.34　精车轮廓进给路线

5) 刀具选择

(1) 选用 ϕ5 mm 中心钻钻削中心孔。

(2) 粗车及平端面选用 90° 硬质合金右偏刀，为防止副后刀面与工件轮廓干涉(可用作图法检验)，副偏角不宜太小，选 $\kappa_r' = 35°$。

(3) 精车选用 90° 硬质合金右偏刀，车螺纹选用硬质合金 60° 外螺纹车刀，刀尖圆弧半径应小于轮廓最小圆角半径，取 $r_\varepsilon = 0.15\sim0.2$ mm。

将所选定的刀具参数填入数控加工刀具卡片中(见表 4.6)，以便编程和操作管理。

表 4.6　数控加工刀具卡片

产品名称或代号	×××		零件名称	典型轴	零件图号	×××
序号	刀具号	刀具规格名称	数量	加工表面		备注
1		ϕ5 mm 中心钻	1	钻 ϕ5 mm 中心孔		
2	T01	硬质合金 90° 外圆车刀	1	车端面及粗车轮廓		右偏刀
3	T02	硬质合金 90° 外圆车刀	1	精车轮廓		右偏刀
4	T03	切刀	1	切槽和切断		刀宽 4 mm
5	T04	硬质合金 60° 外螺纹车刀	1	车螺纹		
编制	×××	审核	×××	批准	×××	共页　第　页

6) 切削用量选择

(1) 背吃刀量的选择。轮廓粗车循环时选 $a_p = 2$ mm，精车 $a_p = 0.25$ mm；螺纹粗车时选 $a_p = 0.4$ mm，逐刀减少，精车 $a_p = 0.075$ mm。

(2) 主轴转速的选择。车直线和圆弧时，粗车切削速度 $v_c = 90$ m/min，精车切削速度 $v_c = 120$ m/min，然后利用公式 $v_c = \pi dn/1000$ 计算主轴转速 n(粗车直径 $D = 60$ mm，精车工件直径取平均值)，得粗车 $n = 500$ r/min，精车 $n = 1200$ r/min。车螺纹时，计算主轴

转速得 $n = 720$ r/min。

(3) 进给速度的选择。根据加工的实际情况确定粗车每转进给量为 0.3 mm/r，精车每转进给量为 0.1 mm/r，最后根据公式 $v_f = nf$ 计算粗车、精车进给速度分别为 150 mm /min 和 120 mm/min。

将前面分析的各项内容填入数控加工工艺卡片，见表 4.7。此表主要内容包括：工步顺序、工步内容、各工步所用的刀具及切削用量等。这是编制加工程序的主要依据，同时也是操作人员进行数控加工的指导性文件。

表 4.7 典型轴类零件数控加工工艺卡片

单位名称	×××	产品名称或代号		零件名称		零件图号
		×××		典型轴		×××
工序号	程序编号	夹具名称		使用设备		车间
001	×××	三爪卡盘和活动顶尖		CAK6136 数控车床		数控中心
工步号	工步内容		刀具号	刀具规格/mm	主轴转速/(r·min⁻¹)	进给速度/(mm·rad⁻¹)	背吃刀量/mm	备注
1	平端面		T02	20×20	1000			手动
2	钻中心孔			$\phi5$	950			手动
3	粗车轮廓		T01	20×20	500	0.3	2	自动
4	精车轮廓		T02	20×20	1200	0.1	0.25	自动
5	切刀		T03	4	400	0.08	4	自动
6	粗车螺纹		T04	20×20	720	1.5	0.9	自动
7	精车螺纹		T04	20×20	720	1.5	0.075	自动
编制	×××	审核 ×××	批准 ×××	年 月 日		共页	第页

7) 连接点的获得

通过 CAD 等画图软件计算机画图，可以获得连接点，从右向左依次为：第一点 $R25$ 与 $S\phi50$ 的连接点坐标为 X40.0，Z-69.0；第二点 $S\phi50$ 与 $R15$ 的连接点坐标为 X40.0，Z-99.0；锥度为 30° 的终点坐标为 X50.0，Z-154.0。

2. 加工实例程序

加工程序如下：

```
G99  G97  T0101;
M03  S500  F0.3;
G00  X61.0  Z1.0;
```

```
G73  U14.0  R8；
G73  P10  Q11  U0.5；
N10  G00  X0；
G01  Z0；
X30.0  C2.0；
Z-20；
X26  Z-25.0；
X36.0  W-10.0；
W-10.0；
G02  X30.0  Z-54.0  R15.0；
G02  X40.0  Z-69.0  R25.0；
G03  Z-99.0  R25.0；
G02  X34.0  Z-108.0  R15.0；
G01  W-5.0；
X50.0，Z-154.0；
N11  Z-170.0；
G00  X130.0  Z0；
T0202；
M03  S1200  F0.1；
G00  X61.0  Z1.0；
G70  P10  Q11；
G00  X130.0  Z0；
T0303；
M03  S400；
G00  X32.0  Z-25.0；
G01  X26.05  F0.08；
G00  X32.0；
G01  W3.0  F0.2；
X30.0；
X26.0  W-2.0；
W-3.0
G00  X32.0；
X130.0  Z0；
T0404；
M03  S720；
G00  X31.0  Z2.0；
G92  X29.2  Z-23.0  F1.5；
X28.6；
X28.2；
```

```
X28.05；
X28.05；
G00 X130.0    Z0；
T0303；
M03    S400；
G00    X58.0    Z-169.0；
G01    X2.0    F0.08；
G00    X58.0；
G00    X130.0    Z0；
G28    U0    W0；
M05；
M30；
```

4.4.2　中级工加工实例

1. 三角螺纹轴加工工艺分析

(1) 短轴零件如图 4.35 所示。

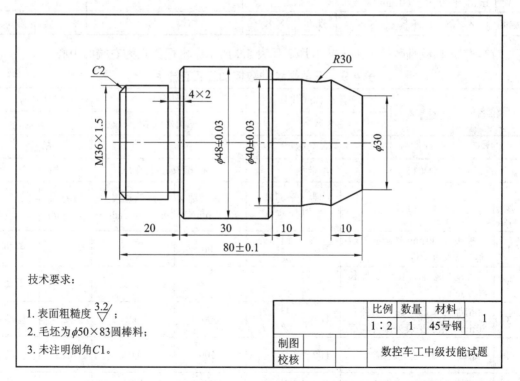

图 4.35　中级工工件

(2) 毛坯料选择 45 号钢，轴类零件直径为 $\phi50\,\text{mm}$，长度大于 83 mm。三角螺纹轴数控加工工艺卡片 1 如表 4.8 所示。坐标原点为右端面中心。

表 4.8　三角螺纹轴数控加工工艺卡片 1

单位名称	×××	产品名称或代号		零件名称		零件图号	
		×××		三角螺纹轴		×××	
工序号	程序编号	夹具名称		使用设备		车间	
001	O2012	三爪卡盘		CAK6136 数控车床		数控中心	
工步号	工步内容	刀具号	刀具规格	主轴转速/(r · min⁻¹)	进给速度/(mm · rad⁻¹)	背吃刀量/ mm	备注
1	毛坯露出卡盘长度大于 25mm，粗车端面，外圆直径为 ϕ45mm，长度为 15mm	T01	93° 外圆车刀	600			手动
2	掉头，用外圆与端面定位						手动
3	精加工端面，粗加工零件右端 ϕ30mm、斜面、R30mm、ϕ44mm、ϕ48mm，长度大于 60mm	T01	93° 外圆车刀	600	0.2	2	自动
4	精加工零件右端 ϕ30mm、斜面、R30mm、ϕ44mm、ϕ48mm，长度大于 60mm	T02	93° 外圆车刀	1500	0.05	0.25	自动
编制	×××	审核 ×××	批准 ×××	年　月　日		共　页	第　页

(3) 三角螺纹轴数控加工工艺卡片 2 如表 4.9 所示。坐标原点为右端面中心。

表 4.9　三角螺纹轴数控加工工艺卡片 2

单位名称	×××	产品名称或代号		零件名称		零件图号	
		×××		三角螺纹轴		×××	
工序号	程序编号	夹具名称		使用设备		车间	
002	O2013	三爪卡盘		CAK6136 数控车床		数控中心	
工步号	工步内容	刀具号	刀具规格	主轴转速/(r · min⁻¹)	进给速度/(mm · rad⁻¹)	背吃刀量/ mm	备注
1	掉头，ϕ40mm 外圆面与端面三爪卡盘定位	T01	93° 外圆车刀	600			手动
2	手动平端面，保证工件长 80.5mm						手动
3	精加工端面，保证工件长 80mm，粗加工套外圆外轮廓	T01	93° 外圆车刀	600	0.2	2	自动
4	精加工套外圆外轮廓	T02	93° 外圆车刀	1500	0.05	0.25	自动
5	切槽，宽 4mm，深 2mm	T03	刀宽为 4	400	0.02		自动
6	加工螺纹 M36×1.5	T04	60° 螺纹刀	700	1.5		自动
编制	×××	审核 ×××	批准 ×××	年　月　日		共　页	第　页

2. 加工实例程序

下面是三角螺纹轴数控加工程序，坐标原点为右端面中心。

加工工件右端程序(工件右面端中心)：

```
O2012;
G99 G97 M03 S600 F0.2 T0101;
G00 X52. Z0.;
G01 X0;
G00 X52. Z2.;
G71 U2. R0.5;
G71 P1 Q2 U0.5 W0.2;
N1 G01 X30.;
Z0;
X40. Z-10.;
G02 Z-20.R30.;
G01 Z-30.;
X46.;
X48. Z-32.;
N2 Z-62.;
G0 X100. Z50.
T0202;
G00 X52. Z2.;
G70 P1 Q2 F0.05 S1500;
G0 X100. Z50.;
M30;
```

加工工件左端程序(保证工件长 80 mm，工件右面端中心)：

```
O2013;
G99 G97 M03 S500 F0.2 T0101;
G00 X52. Z0.;
G01 X0;
G00 X52. Z2.;
G71 U2. R0.5;
G71 P1 Q2 U0.5;
N1 G01 X34.;
Z0;
```

```
X35.8 Z-2.;
Z-20.;
X46.;
N2 X50.Z-22.;
G0 X100. Z50.
T0202;
G00 X52. Z2.;
G70 P1 Q2 F0.05 S1500;
G0 X100. Z50.;
T0303 S400 F0.02;
G00 X50. Z-16.;
G01 X32.;
G04 P3000;
G01 X50.F0.2;
G0 X100. Z50.;
T0404 S700 F0.05;
G00 X38. Z2.;
G92 X35.2 Z-18.F1.5;
X34.8;
X34.4;
X34.05;
X34.05;
G0 X100. Z50.;
M30;
```

4.4.3　高级工加工实例

1. 高级工零件加工工艺分析

(1) 高级工零件如图 4.36 所示。

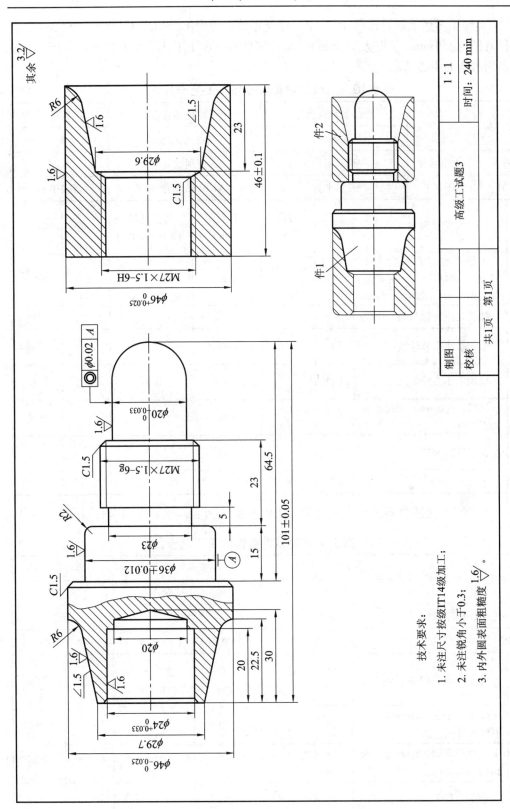

技术要求：
1. 未注尺寸按级IT14级加工；
2. 未注锐角小于0.3；
3. 内外圆表面粗糙度 $\overset{1.6}{\vee}$ 。

图 4.36　高级工零件

（2）高级工零件毛坯料选择 45 号钢，轴类零件直径为 $\phi50\,mm$，长度大于 $103\,mm$；套类零件直径为 $\phi50\,mm$，长度大于 $48\,mm$。轴类零件数控加工工艺卡片 1 如表 4.10 所示。坐标原点为右端面中心。

表 4.10　高级工轴类数控加工工艺卡片 1

单位名称	×××	产品名称或代号		零件名称		零件图号	
		×××		高级工试题 3		×××	
工序号	程序编号	夹具名称		使用设备		车间	
001	O1001	三爪卡盘		CAK6136 数控车床		数控中心	
工步号	工步内容		刀具号	刀具规格	主轴转速 /(r·min⁻¹)	进给速度 /(mm·rad⁻¹)	背吃刀量 /mm	备注
1	毛坯露出卡盘长度大于 25 mm，粗车端面，外圆直径为 $\phi45\,mm$，长度为 15 mm		T01	93°外圆车刀	600			手动
2	掉头，用外圆与端面定位							手动
3	粗加工小头外轮廓		T01	93°外圆车刀	600	0.2	2	自动
4	精加工小头外轮廓		T02	93°外圆车刀	1500	0.05	0.25	自动
5	切槽，宽 5 mm，槽底直径为 $\phi23\,mm$		T03	刀宽为 4	400	0.05		自动
6	加工螺纹 M27×1.5		T04	60°螺纹刀	700	1.5		自动
编制	×××	审核	×××	批准	×××	年　月　日	共　页　第　页	

（3）高级工轴类零件数控加工工艺卡片 2 如表 4.11 所示。坐标原点为右端面中心。

表 4.11　高级工轴类零件数控加工工艺卡片 2

单位名称	×××	产品名称或代号		零件名称		零件图号	
		×××		高级工试题 3		×××	
工序号	程序编号	夹具名称		使用设备		车间	
002	O1002	三爪卡盘		CAK6136 数控车床		数控中心	
工步号	工步内容		刀具号	刀具规格	主轴转速 /(r·min⁻¹)	进给速度 /(mm·rad⁻¹)	背吃刀量 /mm	备注
1	掉头，直径为 $\phi36\,mm$ 的外圆面与端面三爪卡盘定位		T01	93°外圆车刀	600			手动
2	手动平端面，保证工件长 101.5 mm							手动
3	钻孔			$\phi10$ 麻花钻	600			手动

续表

工步号	工步内容	刀具号	刀具规格	主轴转速 /(r·min⁻¹)	进给速度 /(mm·rad⁻¹)	背吃刀量 /mm	备注
4	扩孔		ϕ22 麻花钻	400			手动
5	精加工端面，保证工件长 101 mm，粗加工大头外轮廓	T01	93° 外圆车刀	600	0.2	2	自动
6	精加工大头外轮廓	T02	93° 外圆车刀	1500	0.05	0.25	自动
7	粗加工孔	T04	93° 内孔镗刀	600	0.2	1.5	自动
8	精加工孔	T04	93° 内孔镗刀	800	0.1	1	自动
编制	×××	审核	×××	批准	×××	年　月　日	共　页　第　页

(4) 高级工套类零件数控加工工艺卡片 3 如表 4.12 所示。坐标原点为右端面中心。

表 4.12　高级工轴类零件数控加工工艺卡片 3

单位名称	×××	产品名称或代号		零件名称	零件图号
		×××		高级工试题 3	×××
工序号	程序编号	夹具名称	使用设备		车间
003	O1003	三爪卡盘	CAK6136 数控车床		数控中心

工步号	工步内容	刀具号	刀具规格	主轴转速 /(r·min⁻¹)	进给速度 /(mm·rad⁻¹)	背吃刀量 /mm	备注
	手动平端面，保证工件长 46 mm						
1	钻孔		ϕ10 麻花钻	600			手动
2	扩孔		ϕ24 麻花钻	400			手动
3	粗镗内孔轮廓	T02	93° 内孔镗刀	500	0.2	2	自动
4	精镗内孔轮廓	T02	93° 内孔镗刀	800	0.05	0.25	自动
5	车内螺纹	T03	60° 内螺纹车刀	400	1.5		自动
编制	×××	审核	×××	批准	×××	年　月　日	共　页　第　页

2. 加工实例程序

下面是高级工零件数控加工程序，坐标原点为右端面中心。

加工工件右端程序(工件右面端中心)：

```
%O1001;//小头//
G97 G99 G40 S600 M03 T0101 F0.2;
G00 X100. Z50.0;
G00 G42X51.0 Z2.0;
G71 U2. R1.;
G71 P60 Q180 U0.4 W0.2;
N60 G01 X0;
Z0;
G03 X20.0 Z-10.0 R10.0;
G01 Z-26.5;
X24.0;
X27.0 Z-28.0;
Z-49.5;
X32.0;
G03 X36.0 Z-51.5 R2.0;
G01 Z-64.5;
X43.0;
X46.0 Z-66.0;
N180 Z-80.0;
G00 X100. Z50.0;
G97 G99 G40 S1500 M03 T0202 F0.05;
G00 X51.0 Z2.0;
G70 P60 Q180;
G00 X100. Z50.0;
G97 G99 G40 S400 M03 T0303;
G00 X38.0 Z-49.5;
G01 X23.05 F0.05;
 X38. F0.1;
 W1.;
X23. F0.05;
G04 X4.0;
W-1.;
G01 X38.0;
G00 X100. Z50.0;
G97 G99 G40 S700 M03 T0404;
G00 X29.0 Z-24.5;
```

```
G92 X26.2 Z-46.5 F1.5;
X25.6;
X25.2;
X25.05;
X25.05;
G00 X100. Z50.0;
M30;
```

加工工件左端程序(保证工件长 80 mm，工件右面端中心)：

```
%O1002;//大头//
G97 G99 G40S600 M03 T0101;
G00 X51.0 Z0;
G01 X0 F0.2;
Z2.;
M03 S600;
G00 G42X51.0;
G71 U1.5 R0.5;
G71 P80 Q110 U0.5 F0.2;
N80G01    X29.7 F0.1;
Z0;
X36.827 Z-19.819;
N110G02 X46.0 Z-22.5 R6.0;
G00 X100. Z50.;
G97G99 S1500M03T0202 F0.05;
G00 X51.0 Z2.;
G70 P80 Q110;
G00 G40 X100.0 Z120.0;
G97 G99 G40 S600 M03 T0404;
G00 X18.0 Z2.;
G90 X21.5 Z-20.0 F0.2;
   X23.
 S800 M03;
 G01 X28.6 F0.1
 X24.016 Z0.3;
 Z-20.0 ;
 X18.0;
N0250 G00 Z120.0;
N0260 X80.0;
 M30;
```

加工工件左端程序(保证工件长 80 mm，工件右面端中心)：

```
%%O1004;//套//
G97 G99 G40 S500 M03 T0202;
G00 G42 X23.0 Z2.0;
G71 U1. R0.6;
G71 P40 Q220 U-0.5 W0.2 F0.2;
N40G01 X46.0;
Z0;
G02 X36.932 Z-4.67 R6.0;
G01 X29.6 Z-23.0;
X28.5
X25.5 W-1.5;
N220Z-48.0;
S800 M03 F0.05;
G70 P40 Q220;
G00 X24. Z100.;
G97 G99 G40 S400 M03 T0303;
G00 X24.0 Z10.0;
Z-21.0;
G92 X26.3 Z-48.0 F1.5;
X26.9;
X27.1;
X27.1;
G00 Z120.0;
X80.0;
M30;
```

第 4 章　立体化资源

第 5 章　加工中心加工

5.1　加工中心概述

　　加工中心(Machining Center，MC)是由机械设备与数控系统组成的适用于加工复杂工件的高效率自动化机床。

　　加工中心是从数控铣床发展而来的。与数控铣床相同的是，加工中心同样是由计算机系统(CNC)、伺服系统、机械本体、液压系统等各部分组成的。但加工中心又不等同于数控铣床，二者的最大区别在于加工中心具有自动交换加工刀具的能力。通过在刀库上安装不同用途的刀具，可在一次装夹中通过换刀装置改变主轴上的加工刀具，实现钻、镗、铰、攻螺纹、切槽等多种加工功能。

　　加工中心从其外观上可分为以下五种类型：

　　(1) 立式加工中心。立式加工中心如图 5.1 所示，其主轴垂直于工作台。立式加工中心主要适用于加工板材类、壳体类工件，也可加工模具。

　　(2) 卧式加工中心。卧式加工中心如图 5.2 所示，其主轴轴线与工作台平面方向平行。它的工作台大多为可分度的回转台或由伺服电动机控制的数控回转台。在工件一次装夹中，通过工作台旋转可实现多个加工面加工。如果转台为数控回转台，还可参与机床各坐标轴联动，从而实现螺旋线加工。卧式加工中心主要适用于箱体类工件的加工。它是加工中心中种类最多、规格最全、应用范围最广的一种。

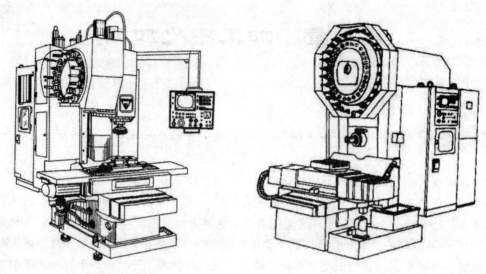

图 5.1　立式加工中心　　　　　　　　　　　图 5.2　卧式加工中心

　　（3）五轴加工中心。五轴加工中心如图 5.3 所示，兼有立式加工中心和卧式加工中心的功能。工件一次安装后，五轴加工中心能完成除安装面以外的其余五个面的加工。常见的五轴加工中心有两种形式：一种是主轴可以旋转 90°，对工件进行立式或卧式加工；另一种是主轴不改变方向，而由工作台带着工件旋转 90°，完成对工件五个表面的加工。

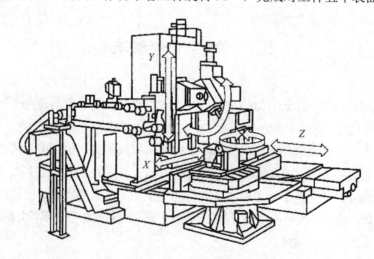

图 5.3　五轴加工中心

　　（4）虚轴加工中心。虚轴加工中心如图 5.4 所示，它改变了以往传统机床的结构，通过连杆的运动实现了主轴多自由度的运动，可完成对工件复杂曲面的加工。

　　（5）龙门加工中心。龙门加工中心如图 5.5 所示，是指在数控龙门铣床基础上加装刀库和换刀机械手，以实现自动刀具交换，达到比数控龙门铣床更广泛的应用范围。

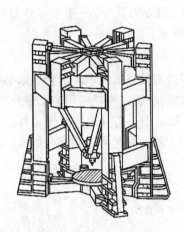

图 5.4　虚轴加工中心

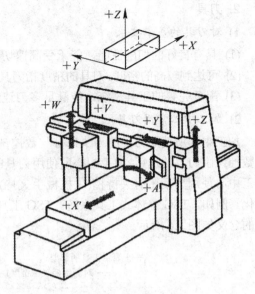

图 5.5　龙门加工中心

5.1.1　加工中心工艺装备

1. 夹具

1) 对夹具的基本要求

(1) 夹紧机构不得影响进给，加工部位要敞开。

(2) 夹具在机床上能实现定向安装。

(3) 夹具的刚性和稳定性要好。

2) 加工中心常用夹具

(1) 万能组合夹具：适用于小批量生产或研制时使用的中、小型工件，在加工中心上进行加工。

(2) 专用铣削夹具：特别为某一项或类似的几项工件设计制造的夹具。

(3) 多工位夹具：可以同时装夹多个工件，以减少换刀次数，也便于一面加工、一面装卸工件，有利于缩短准备时间，提高生产率，较适宜于中批量生产。

(4) 气动或液压夹具：适用于生产批量较大，采用其他夹具又特别费工、费力的工件，能减轻工人劳动强度和提高生产率。

(5) 真空夹具：适用于有较大定位平面或具有较大可密封面积的工件。

(6) 其他：如虎钳、分度头和三爪夹盘等。

3) 加工中心夹具的选用原则

(1) 在保证加工精度和生产效率的前提下，优先选用通用夹具；

(2) 批量加工可考虑采用简单专用夹具；

(3) 大批量加工可考虑采用多工位夹具和高效的气压、液压等专用夹具；

(4) 采用成组工艺时应使用成组夹具。

2. 刀具

1) 对刀具的基本要求

(1) 具有良好的切削性能，能承受高速切削和强力切削，并且性能稳定。

(2) 可达到较高的精度。刀具的精度指刀具的形状精度以及刀具与装卡装置的位置精度。

(3) 配备完善的工具系统，能满足多刀连续加工的要求。

2) 加工中心常用刀具

加工中心所使用刀具的刀头部分与数控铣床所使用的刀具基本相同，请参见本书中关于数控铣削刀具的选用。加工中心所使用刀具的刀柄部分与一般数控铣床用刀柄部分不同，加工中心使用刀柄带有夹持槽(供机械手夹持)的刀具。加工中心刀具系统已经系列化、标准化。例如，TSG 整体式工具系统。TSG 工具系统中的刀柄，其代号由四部分组成，各部分的含义如图 5.6 所示。

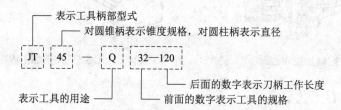

图 5.6　TSG 刀柄代号含义

加工中心刀具工具柄部型式代号含义见表 5.1。

表 5.1　加工中心刀具工具柄部型式代号含义

代　号	含　义
JT	自动换刀机床用 7∶24 圆锥工具柄
BT	自动换刀机床用 7∶24 圆锥 BT 型工具柄
ST	手动换刀机床用 7∶24 圆锥工具柄
MW	无扁尾莫氏圆锥工具柄
MT	带扁尾莫氏圆锥工具柄
ZB	直柄工具柄

5.1.2　加工中心刀库

1. 刀库的种类

加工中心刀库种类很多，常见的有圆盘式和链式两类。

1) 圆盘式刀库

圆盘式刀库(见图 5.7)应该称之为固定地址换刀刀库，即每个刀位上都有编号，一般从 1 编到 12、18、20、24 等，刀位编号即为刀号地址。操作者把一把刀具安装进某一刀位后，不管该刀具更换多少次，总是在该刀位内。

圆盘式刀库有如下特点：

(1) 制造成本低。圆盘式刀库主要部件是刀库体及分度盘，只要这两样零件加工精度得到保证即可。运动部件中刀库的分度使用的是非常经典的"马氏机构"，前后、上下运动主要选用气缸推动。该刀库装配调整比较方便，维护简单，一般机床制造厂家都能自制。

(2) 每次机床开机后刀库必须"回零"。刀库在旋转时，只要挡板靠近(距离为 0.3 mm 左右)无触点开关，数控系统就默认为 1 号刀，并以此为计数基准，"马氏机构"转过几次，当前就是几号刀。只要机床不关机，当前刀号就被记忆。刀具更换时，一般按最近距离旋转原则旋转。如果刀库数量是 18，当前刀号为 8，要换 6 号刀，按最近距离换刀原则，刀库是逆时针转；如要换 10 号刀，刀库是顺时针转。机床关机后刀具记忆清零。

(3) 固定地址换刀刀库换刀时间比较长，国内的机床一般要 8 s 以上(从一次切削到另一次切削)。

(4) 圆盘式刀库的总刀具数量受限制，不宜过多，一般 40 号刀不超过 24 把，50 号刀不超过 20 把，大型龙门机床也有把圆盘式结构转变为链式结构的，刀具数量多达 60 把。

图 5.7 圆盘式刀库

图 5.8 链式刀库

2) 链式刀库

链式刀库(见图 5.8)换刀是随机地址换刀刀库，即每个刀套上无编号，它最大的优点是换刀迅速、可靠。

链式刀库有如下特点：

(1) 制造成本高。刀库由一个个刀套链式组合起来，链式刀库换刀的动作由凸轮机构控制，零件的加工比较复杂，装配调试也比较复杂，一般由专业厂家生产，机床制造商一般不自制。

(2) 刀号的计数原理与固定地址选刀一样，它也有基准刀号：1 号刀。但我们只能理解为 1 号刀套，而不是零件程序中的 1 号刀：T1。系统中有一张刀具表，它有两栏：一栏是刀套号，另一栏是对应刀套号的当前程序刀号。假如我们编写一个三把刀具的加工程序，刀具的放置起始是 1 号刀套装 T1(1 号刀)，2 号刀套装 T2，3 号刀套装 T3。我们知道当主轴上 T1 在加工时，T2 号刀即准备好，换刀后，T1 换进 2 号刀套。同理，在 T3 加工时，T2 就装在 3 号刀套里。一个循环后，前一把刀具就安装到后一把刀具的刀套里。数控系统对刀套号及刀具号的记忆是永久的，关机后再开机刀库不必"回零"即可恢复关机前的状态。如果"回零"，那么必须在刀具表中修改刀套号中相对应的刀具号。

(3) 链式刀库换刀时间一般为 4 s(从一次切削到另一次切削)。

(4) 刀具数量一般比圆盘刀库多，常规有 18、20、30、40、60 等。

(5) 刀库的凸轮箱要定期更换起润滑、冷却作用的齿轮油。

2. 刀库换刀形式

数控机床的自动换刀装置中，实现刀库与机床主轴之间传递和装卸刀具的装置称为刀具交换装置。刀具换刀形式主要有以下两大类：

(1) 无机械手换刀。无机械手换刀方式必须首先将用过的刀具送回刀库，然后再从刀库中取出新刀具，这两个动作不能同时进行，因此换刀时间长。

(2) 机械手换刀。采用机械手进行刀具交换的方式(见图 5.9)应用得最为广泛，这是因为机械手换刀有很大的灵活性，而且可以减少换刀时间。

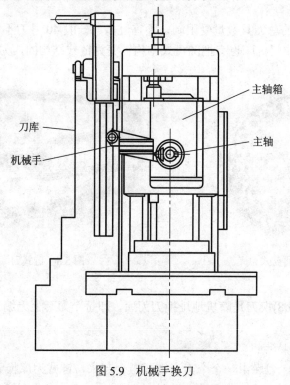

图 5.9　机械手换刀

5.2　加工中心程序编制

5.2.1　加工中心编程方法及 G 代码简介

1. 程序的构成

1) 加工程序的组成

数控加工中零件加工程序的组成形式随数控系统功能的强弱而略有不同。对于功能较强的数控系统，加工程序可分为主程序和子程序。不论是主程序还是子程序，每个程序都是由程序号、程序内容和程序结束三部分组成的。程序的内容则由若干程序段组成，程序段通常由若干个"字"组成，NC 中的字由一个地址字符和一个或多个实型数值组成。一个程序段应包括实现某一操作步骤的全部数据，并以换行符"LF"结束，按下"回车键""LF"自动生成程序段格式。

2) 程序段格式

程序段格式是指一个程序段中字、字符、数据的书写规则，最常用的为字-地址程序段格式。

字-地址程序段格式的编排顺序如下：

$$N\_G\_X\_Y\_Z\_I\_J\_K\_R\_F\_S\_T\_M\_LF$$

其中，I、J、K——圆弧起点到圆心在 X、Y、Z 轴方向上的增量；

R——圆弧的半径值，当圆弧≤180° 时 R 取正值；当圆弧>180° 时 R 取负值；

LF——换行符。

注意　上述程序段中包括的各种指令并非在加工程序的每个程序段中都必须有，而是根据各程序段的具体功能来编入相应指令。

例：N10　　G01 X10 Y20 Z5 F120

2. 数控系统的指令代码

因数控系统不同，其指令代码也有差异。下面以 SINUMERIK 810D 数控系统为例，介绍指令格式。

1) 准备功能代码

SINUMERIK 810D 数控系统常用的代码见表 5.2。

表 5.2　SINUMERIK 810D 数控系统常用的代码

名称	含　义	编　程　格　式	说　明
T	刀具号	T_	
D	刀具补偿号	D_	
S	主轴转速，在 G4 中表示暂停时间	S_	
M	辅助功能	M_	
F	进给率	F_	
G00	快速移动	G00 X_Y_Z_ (直角坐标系) G00 AP=_RP=_　(极坐标系)	模态有效
G01	直线插补	G01 X_Y_Z_F_(直角坐标系) G01 AP=_RP=_F_(极坐标系)	模态有效
G02	顺时针圆弧插补	直角坐标下： G02 X_Y_Z_I_J_K_F_(圆心终点编程) G02 X_Y_Z_CR=_F_ (半径终点编程) G02 AR=_I_J_K_F_ (张角圆心编程) G02 AR=_X_Y_Z_F_ (张角终点编程) 极坐标系下： G02 AP=_RP=_F_	模态有效 小于或等于半圆，CR 为正值； 大于半圆，CR 为负值

续表

名称	含义	编程格式	说明
G03	逆时针圆弧插补	同上 G02	模态有效
G04	暂停时间	G4 S_	单位：妙
G17	X/Y 平面选择		开机默认
G18	Z/X 平面选择		模态有效
G19	Y/Z 平面选择		模态有效
G40	取消刀具半径补偿		
G41	刀具半径左补偿		模态有效
G42	刀具半径右补偿		模态有效
G53	程序段方式取消"可设定零点偏置"		段方式有效
G54 ~ G59	可设定零点偏置（确定工件坐标系）		模态有效
G70	英制尺寸		
G71	公制尺寸		开机默认
G74	回参考点	G74 X1=0 Y1=0 Z1=0;	单独程序段
G75	回固定点	G75 X1=0 Y1=0 Z1=0;	单独程序段
G90	绝对值尺寸	坐标系中的目标点的坐标尺寸；某轴：X=AC (_)	开机默认
G91	增量尺寸	待运行的位移量；某轴：X=IC(_)	模态有效
G94	进给率 F　　mm/min		开机默认
G95	进给率 F　　mm/转		
G110	定义极点	相对于上次编程的设定位置 G110 X_Y_Z_　　（直角坐标系下） G110 RP=_AP=_(极坐标系下，单独程序段)	
G111	定义极点	相对于当前工件坐标系的零点 G111 X_Y_Z_　　（直角坐标系下） G111 RP=_AP=_(极坐标系下，单独程序段)	
G112	定义极点	相对于最后有效的极点，平面不变 G112 X_Y_Z_　　（直角坐标系下） G112 RP=_AP=_(极坐标系下，单独程序段)	
G450	圆弧过渡	拐角特性	开机默认
G451	工件转角处不切削	尖角	模态有效
CHF	倒角	N10 G1 X_Y_Z_CHF=_; 在两轮廓之间插入给定长度的倒角	
CHR	倒圆	N10 G1 X_Y_Z_CHR=_; 在两轮廓之间插入给定长度的倒圆	

2) 辅助功能(M 代码)

SINUMERIK 810D 数控系统常用的 M 代码见表 5.3。

表 5.3　SINUMERIK 810D 数控系统常用的 M 代码

名称	含义	编程	备注
M00	程序停止(暂停)	停止程序执行, 按"启动"继续加工	
M01	程序有条件停止	与 M0 一样, 仅在出现专门信号后生效	
M02	程序结束	在程序的最后一段被写入	
M30	程序结束	程序结束后, 返回程序头	
M03	主轴顺时针旋转		
M04	主轴逆时针旋转		
M05	主轴停止		
M07	冷却器开		
M09	冷却器关		
P	子程序调用次数	N10 子程序名 P_	单独程序段

3) 进给功能(F 功能)

G94: 每分钟进给量, 单位为 mm/min。

G95: 每转进给量, 单位为 mm/r。

格式: G94/ G95　F_

数控铣床中, 当开机时, 机床的进给方式默认为 G94。

4) 主轴功能(S 功能)

格式: S_

其中, S 后面的数字表示主轴转速, 单位为 r/min。

5) 刀具功能 T 指令

格式: T_D_

其中, T 后面的数字代表刀具序号, D 后面的数字代表该刀具的补偿号。在 SINUMERIK 810D 系统中, D 的数值范围是 1～9。

6) 基本代码使用

(1) G00: 快速移动。

格式: G00 X_Y_Z_(直角坐标系)

　　　G00 AP=_RP=_(极坐标系)

其中, X_Y_Z_AP=_RP=_为定位点。

(2) G01：直线插补。

格式：G01X_Y_Z_F_(直角坐标系)

　　　G01AP=_RP=_F_(极坐标系)

其中，X_Y_Z_、AP=_(极角)RP=_(极径)为直线终点位置；F 为进给指令。

(3) 倒圆/倒角指令。

倒角：CHF=_

倒圆：CHR=_

格式：

① 倒角：G1 X_Y_Z_CHF=_

② 倒圆：G1 X_Y_Z_CHR=_

其中，CHF 为倒角长度；CHR 为倒圆半径。

(4) G02/ G03：圆弧插补指令。

格式：

直角坐标下：

G02/G03 X_Y_Z_I_J_K_F_(圆心终点编程)

G02/G03 X_Y_Z_CR=_F_(半径终点编程)

G02/G03 AR=_I_J_K_F_(张角圆心编程)

G02/G03 AR=_X_Y_Z_F_　(张角终点编程)

极坐标系下：

G02/G03 AP=_RP=_F_

其中，X_Y_Z_为圆弧终点坐标；I_J_K_为圆弧起点到圆心在 X、Y、Z 轴方向上的增量；CR 为圆弧半径，当圆弧≤180°时 CR 取正值；当圆弧＞180°时 CR 取负值；AR 为圆弧张角。

(5) 条件跳转。

格式：IF 条件表达式 GOTOB/GOTOF 跳转标记名

其中，GOTOB 为程序向前跳转；GOTOF 为程序向后跳转。在 SINUMERIK 810D 数控系统中，条件表达式所用的条件运算符：==(等于)、<>(不等于)、>(大于)、>=(大于或等于)、<(小于)、<=(小于或等于)。

例：IF　R2>0　GOTOB　JK1

如果条件表达式 R2＞0 为真，则程序向前跳转到跳转标记名为 JK1 的程序段处；如果条件表达式 R2＞0 为假，则程序继续向下执行。

5.2.2　加工中心西门子固定循环

数控铣床配备的固定循环功能，主要用于孔加工，包括钻孔、镗孔、攻螺纹等。使用一个程序段就可以完成一个孔加工的全部动作。SINUMERIK 810D 数控系统的固定循环功能见表 5.4。

表 5.4　SINUMERIK 810D 数控系统的固定循环功能

循环代码	用　途	特殊的参数特性
CYCLE81	钻孔、中心钻孔	普通钻孔，钻完后直接提刀
CYCLE82	中心钻孔	钻完后，在孔底停顿，然后提刀
CYCLE83	深度钻孔	钻削时可以在每次进给深度完成后退到参考平面用于排屑，也可以退回 1 mm 用于断屑
CYCLE84	刚性攻丝	
CYCLE85	绞孔 1	按不同进给率镗孔和返回
CYCLE86	镗孔 1	定位主轴停止，返回路径定义，按快速进给率返回，主轴方向定义
CYCLE87	镗孔 2	到达钻孔深度时主轴停止且程序停止；按"程序启动"键继续，快速返回，定义组织的旋转方向
CYCLE88	镗孔时可停止 1	与 CYCLE87 相同，增加到钻孔深度的停顿时间
CYCLE89	镗孔时可停止 2	按相同进给率镗孔和返回

以深度钻孔 CYCLE83 为例，该固定循环用于中心孔的加工，通过分步钻入达到要求钻深，钻深的最大值事先规定。钻削时可以在每次进给深度完成后退到参考平面用于排屑，也可以退回 1 mm 用于断屑。

格式：CYCLE83 (RTP，RFP，SDIS，DP，DPR，FDER，FDPR，DAM，DTB，DTS，FRF，VARI)

如图 5.10 所示为 CYCLE83 的时序和参数，其参数定义如表 5.5 所示。

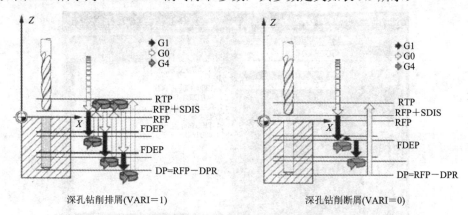

图 5.10　CYCLE83 的时序和参数

表 5.5　深度钻孔 CYCLE83 的参数定义

参数	参　数　含　义	参数	参　数　含　义
RTP	返回平面(绝对值)	FDPR	相当于参考平面的起始钻孔深度(无符号)
RFP	参考平面(绝对值)	DAM	递减量(无符号)
SDIS	安全间隙(无符号)	DTB	最后钻孔深度时的停顿时间
DP	最后钻孔深度(绝对值)	DTS	起始点处和用于排屑的停顿时间
DPR	相当于参考平面的最后钻孔深度(无符号)	FRF	起始钻孔深度的进给率系数(无符号)值：0.001～1
FDER	起始钻孔深度(绝对值)	VARI	加工类型：0＝断屑；1＝排屑

5.3　VNUC 数控铣床加工仿真

1. 启动单机版软件

双击电脑桌面上的软件图标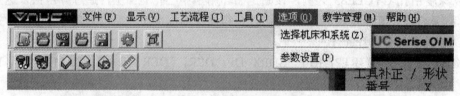，或者依次点击 Windows 的"开始"→"程序"组→"LegalSoft"→"VNUC4.0"→"单机版"→"VNUC4.0 单机版"就可打开 VNUC 系统。

2. 选择机床类型和数控系统

如图 5.11 所示，点击主菜单"选项"→"选择机床和系统"，弹出如图 5.12 所示的"选择机床和系统"对话框，机床类型选择"3 轴立式铣床"，数控系统选择"西门子 810D"，点击"确定"键。

图 5.11　主菜单选项

图 5.12　"选择机床和数控系统"对话框

3. 返回参考点 (回零)

(1) 手动切换到返回参考点(回零)，然后按轴移动按钮。这时显示屏上 X、Y、Z 坐标轴后出现空心圆，如图 5.13 所示。

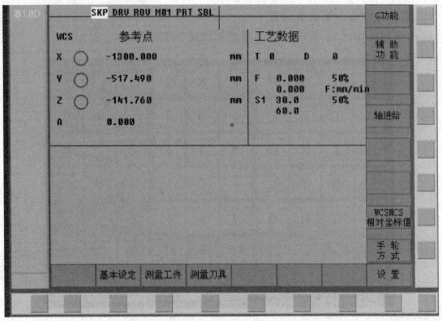

图 5.13　显示界面

(2) 令机床上的坐标轴移动回参考点，如图 5.14 所示，同时显示屏上坐标轴后的空心圆变为实心圆，参考点的坐标值变为 0。

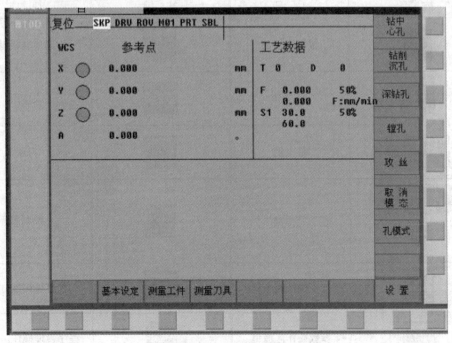

图 5.14　显示界面

4. 机床面板的介绍

SINUMERIK 810D 系统数控车床的操作面板主要由 NC 操作面板及机床控制面板组成。NC 操作面板上各个功能符号和使用方法介绍如下：

1) NC 操作面板及各键基本功能

NC 操作面板如图 5.15 所示，其按键基本功能如表 5.6 所示。

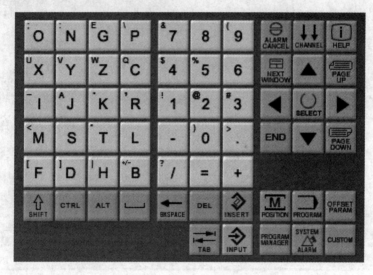

图 5.15　NC 操作面板

表 5.6　操作面板按键基本功能

按　键	功　能	按　键	功　能
ALARM CANCEL	报警应答键	CHANNEL	通道转换键
HELP	信息键	NEXT WINDOW	未使用
PAGE UP / PAGE DOWN	翻页键	END	行尾
光标键（方向键）	光标键	SELECT	选择/转换键
M POSITION	加工操作区域键	PROGRAM	程序操作区域键
OFFBET PARAM	参数操作区域键	PROGRAM MANAGER	程序管理操作区域键

续表

按　键	功　能	按　键	功　能
SYSTEM ALARM	报警/系统操作区域键	CUSTOM	自定义
)0	字母键 上挡键转换对应字符	&7	数字键 上键转换对应字符
SHIFT	上挡键	CTRL	控制键
ALT	替换键	⌴	空格键
BKSPACE	退格删除键	DEL	删除键
INSERT	插入键	TAB	制表键
INPUT	回车/输入键		

2) 机床操作控制面板

机床操作面板如图 5.16 所示，其按键基本功能如表 5.7 所示。

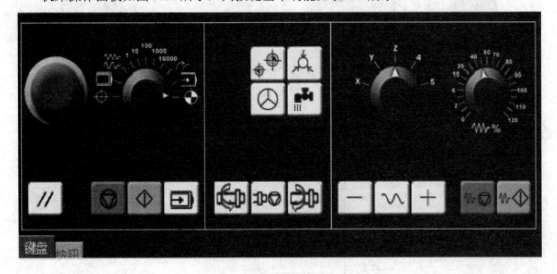

图 5.16　机床操作面板

表 5.7　机床操作面板功能键基本功能

按　键	功　能	按　键	功　能
	重新定位		手动
	参考点		自动方式
	单段		手动数据输入
	主轴正转		主轴反转
	主轴停		循环启动
+Z −Z	Z轴点动	+X −X	X轴点动
+Y −Y	Y轴点动		快进键
//	复位键		进给保持
	急停按钮		进给速度修调
	主轴速度修调		

5. 定义毛坯和装夹

如图 5.17 所示，打开菜单"工艺流程"→"毛坯"，弹出图 5.18 所示的"毛坯零件列表"窗口→"新毛坯"→定义毛坯，弹出如图 5.19 所示的对话框，设置毛坯的名称、尺寸及材料并选择夹具，点击"确定"键。

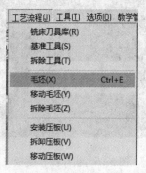

图 5.17　选择毛坯

图 5.18　新建毛坯

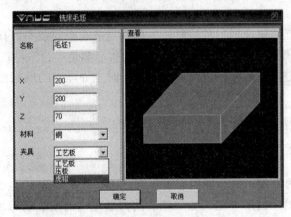

图 5.19　定义毛坯

装夹时，调整工件高度，直至露出合适为止。

6. 设置数控铣刀

点击菜单"工艺流程"→"刀具库"，弹出如图 5.20 所示的窗口，设置刀名、刀型(端铣刀)及直径，从而建立刀具，然后点击刀具序号，变蓝后即可进行安装，最后点击"确认"键。

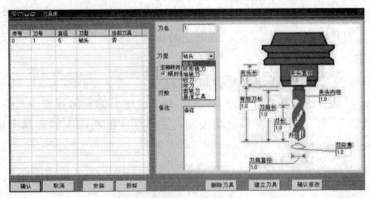

图 5.20　刀具库

1）建立和安装新刀具

(1) 在刀具库窗口的右侧建立新刀具。

(2) 在"刀名"这一项设置刀具名称。系统默认的刀名是"刀具1"。可根据建立的刀具数量命名为刀具1、刀具2……也可使用其他名称。

(3) 在"刀型"后的下拉单里选择所需刀型。可供选择的刀型有：钻头、环形铣刀、端铣刀、铰刀、球刀、面铣刀。可根据要加工的零件工艺要求来选择。

(4) "主轴转向"一栏的默认设置是顺时针，可以不做修改直接使用默认即可。

(5) "刃数"一栏的默认设置是2刃，可根据加工需要进行设置。

(6) 在建立刀具的时候还需要设置刀具的一些具体尺寸，例如刃长、有效刃长、刃尖角等，这些尺寸在最右侧的图片窗口中设置。可根据加工工艺要求，在各空白栏中输入合适的尺寸，尺寸单位为mm。

(7) 完成上述设置后，按"建立刀具"键即可。该刀具就会显示在刀具库左侧的刀具列表里。

(8) 刀具库里建立的第一把刀具被默认为机床当前需要安装的刀具，在刀具列表的"当前刀具"一项显示的是"是"，而后面建立的刀具状态都是"否"。

(9) 按"确认"键，刀具库窗口自动关闭，同时主界面中的机床已被安装上了刀具。

2）修改刀具

(1) 在刀具库的刀具列表中选中要修改的刀具。

(2) 窗口右侧显示该刀具的参数。

(3) 修改参数。

(4) 按"确认修改"键，修改的内容被保存。

(5) 按"确认"键，窗口关闭。如果修改的刀具是当前安装的刀具，这时机床安装的就是修改后的刀具。

3）删除刀具

(1) 在刀具库的刀具列表中选中要删除的刀具。

(2) 按"删除刀具"键，该刀具就从刀具列表中消失。

4）安装刀具

(1) 在刀具库的刀具列表中选中要安装的刀具。

(2) 按"安装"键，这时在"当前刀具"一栏里，这把刀的安装状态由"否"变为"是"。按"确认"键，刀具库窗口自动关闭，同时主界面中的机床已被安装上了刀具。

5）拆卸刀具

(1) 在刀具库的刀具列表中选中要拆卸的刀具。

(2) 按"拆卸"键。这时在"当前刀具"一栏里，这把刀的安装状态由"是"变为"否"。

(3) 按"确认"键，刀具库窗口自动关闭，主界面中的机床上的刀具已被拆除。

7. 对刀

在铣床和加工中心里有"辅助视图"功能。在对刀时，为了看清毛坯与基准的接触情况，可以使用该功能。选择菜单栏"工具"→"辅助视图"，机床显示区下方即可出现辅助视图窗口。再次选择菜单栏"工具"→"辅助视图",可关闭该窗口。

辅助视图窗口可以拖动,用左侧点击辅助视图窗口任意处,按住鼠标不放,即可拖动。

如图 5.21 所示为主界面左半部分的截图,已经安装了零件和刀具,辅助视图窗口已经打开。

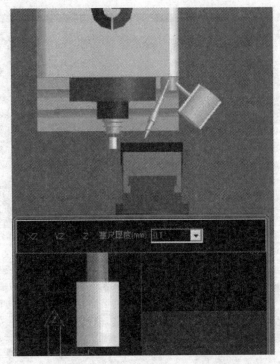

图 5.21　对刀

辅助视图窗口可将毛坯与刀具进行局部放大。窗口中的灰色方块为毛坯,白柱为刀具,紧贴着灰色毛坯测量轴边缘的(红)线是塞尺。

坐标轴表明当前显示了哪两个轴及其方位。可以用窗口上方的三个按键"XZ""YZ""Z"来选择不同轴面视角。

塞尺的厚度可以从"塞尺厚度"下拉单里进行选择。

主窗口的提示栏用文字表明了当前的基准与毛坯的接触状况。

文字说明为"太松",表明毛坯和圆棒的距离还较大,可以继续移动毛坯;文字说明为"太紧",表明毛坯和圆棒的距离过近,圆棒已经紧贴毛坯或者就要深入毛坯里了,这时需要反向旋转手轮,使圆棒退后些;文字说明为"合适",表明毛坯和圆棒的距离已经达到最佳位置,不需要再调整。

如图 5.22 所示,对刀过程如下:

回零→刀具移动到工件左侧→切换到右视图→使刀具位于零件的左侧中心位置→切换成正视图→点击工具→辅助视图→向 X 轴移动,靠近工件直至合适为止→切换到键盘状态→点击刀具补偿设置 OFFSET(见图 5.15)→零点偏置→G54X 输入当前的机床坐标 X 值、刀具的半径、塞尺厚度→改变有效。

同理,在 Y 轴方向,刀具移动到工件前侧→切换到正视图→使刀具位于零件的前侧中心位置→切换成右视图→点击工具→辅助视图→向 Y 轴移动，靠近工件直至合适为止→切换到键盘状态→点击刀具补偿设置 OFFSET(见图 5.15)→零点偏置→G54Y 输入当前的机床坐标 Y 值、刀具的半径、塞尺厚度→改变有效。

在 Z 轴方向，与工件表面靠近→G54Z 输入当前的机床坐标 Z 值、塞尺厚度。

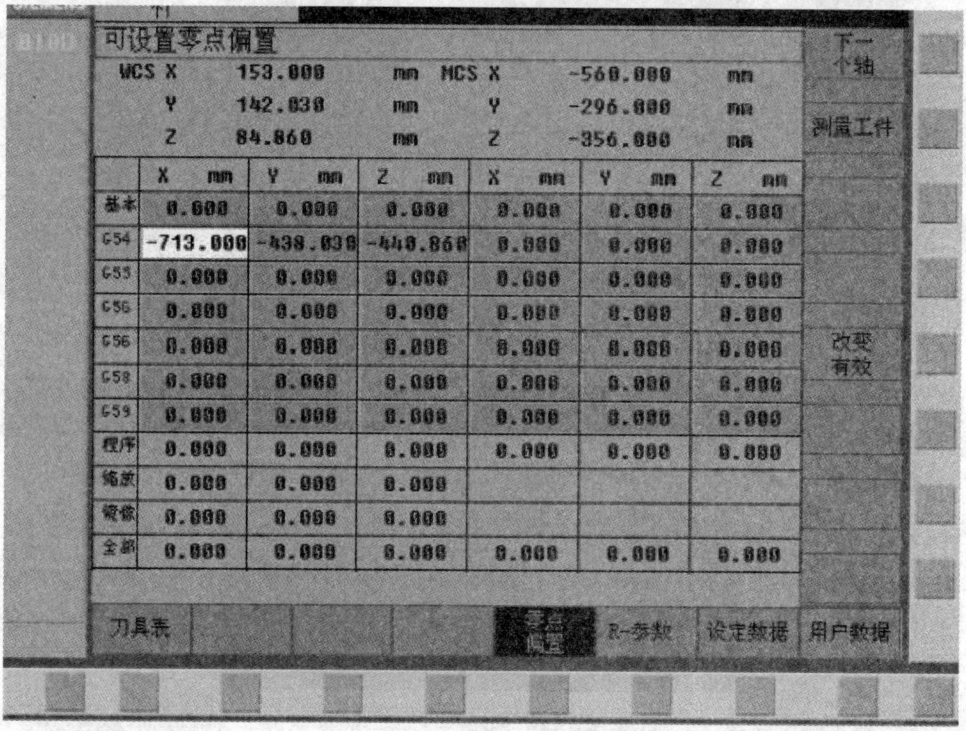

图 5.22　零点偏置

8. 机床的运行

在开始加工前检查倍率和主轴转速按钮，然后开启自动方式，按下循环启动按钮，机床开始自动加工。

5.4　加工中心机床实操

5.4.1　机床面板

本节以沈阳机床厂 VMC850 立式铣削加工中心为例，介绍加工中心的操作。VMC850 立式铣削加工中心采用 SINUMERIK 808D 数控系统，是一种中小规格、高效的数控机床，通过编程，在一次装夹中可自动完成铣、镗、钻、铰、攻丝等多种工序的加工；若选用数控转台，则可扩大为四轴控制加工中心，实现多面加工。

1. VMC850 立式铣削加工中心系统面板

VMC850 立式铣削加工中心系统面板如图 5.23 所示。

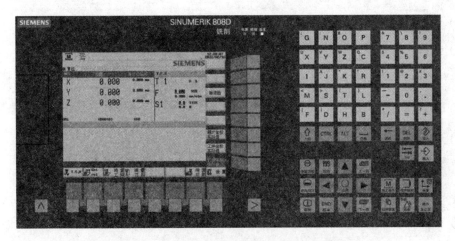

图 5.23　VMC850 立式铣削加工中心系统面板

2. VMC850 立式铣削加工中心机床操作面板

VMC850 立式铣削加工中心机床操作面板如图 5.24 所示。

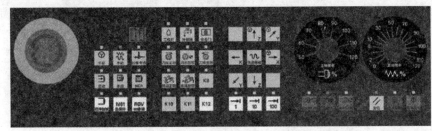

图 5.24　VMC850 立式铣削加工中心机床操作面板

　　VMC850 立式铣削加工中心系统面板和机床操作面板与本书前面所讲到的数控铣床 SINUMERIK 810D 系统面板相似,功能相同的按钮在此就不再赘述,详情请参见第 5.3 节。

5.4.2　VMC850 立式铣削加工中心操作

1. 开机操作

加工中心开机操作步骤如下:

(1) 打开机床电箱上的总电源控制开关。

(2) 确认急停键为急停状态,合上总电源开关(空气开关),这时 CNC 通电显示器亮,系统启动,进入图形用户界面屏幕。

(3) 合上外部设备空气压缩机电源开关,空压机启动送气到规定压力。

(4) 释放急停键,按下操作面板左侧的复位键,再按报警应答键,机床就处于准备工作状态了。

2. 机床回零操作

机床回零操作步骤如下:

(1) 按 復位。

(2) 按 ⊡ 回参考点。

(3) 选择轴选择键 +Z 。

(4) 主轴向上移动返回参考点，屏幕显示 Z⊕0.000。

(5) 用同样方法，选择 +X 或 +Y 。

(6) 将工作台的 X、Y 轴及主轴移动返回参考点。

3. 刀库装刀操作

刀库装刀操作步骤如下：

(1) 按 ⊡ 键选择 MDA 方式，激活 LED 显示，通过 MDI 面板手工输入程序段：T × M06，选择空刀座，其中"×"为空刀座号。

(2) 刀库复位后，按 ⊞ JOG 键手动方式，手工装刀。

(3) 装第 2 把刀，重复步骤(1)，即选择第二个空刀座；依次执行，将刀库装满。

(4) 所有空刀座装刀完成后，选择任意一把刀，主轴上总是存在一把刀具。

(5) 装刀注意事项：

① 刀具柄拉钉必须上紧，刀具装夹正确、牢靠，刀柄、夹头必须清洁干净，无杂物和灰尘。

② 装刀前必须对刀库进行检查、诊断。

4. 刀具长度补偿值的确定

加工中心上使用的刀具很多，每把刀具的实际位置与编程的规定位置都不相同，这些差值就是刀具的长度补偿值，在加工时要分别进行设置，并记录在刀具明细表中，以供机床操作人员使用。

5. 对刀方法

1) X、Y 向四点分中

(1) 手动启动主轴。按系统面板上的加工操作键 ⊞ →按操作面板上的手动键 ⊞ →按系统面板上的 T.S.M 软键 ⊞ T.S.M →在系统面板的主轴速度中输入"500"→ ▼ →在系统面板上按选择键 ⊡ ，选择主轴方向为"M3"，如图 5.25 所示。

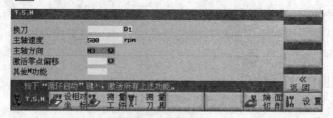

图 5.25　启动主轴

(2) 创建零偏。把工件零点设置在矩形工件中心点处，使用测量过的刀具长度及半径的刀具或寻边器，依次将其移动至工件的四个边缘。使用手动或手轮方式，使刀具或寻边器轻轻刮碰到工件边缘，然后计算出工件零点位置。

按系统面板上右侧第二个图标对应的软键 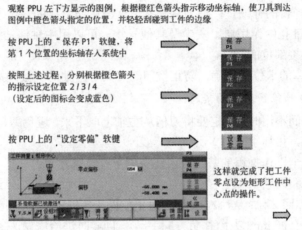 →观察系统面板左下方显示的图例，根据(橙红色)箭头指示移动坐标轴，使刀具到达图例中橙色箭头指定的位置，并轻轻刮碰到工件的边缘，如图 5.26 所示。

图 5.26 创建零偏

(3) 对刀结果验证。以 MDI 方式输入命令 G54 G0 X0 Y0，观察刀具是否移动到工件中心，如在中心，对刀正确，否则错误。

2) Z 向对刀

(1) 卸下寻边器，将加工所用刀具装上主轴。

(2) 将 Z 轴设定器(或固定高度的对刀块，以下同)放置在工件上平面上。

(3) 快速移动主轴，让刀具端面靠近 Z 轴设定器上表面。

(4) 改用微调操作，让刀具端面慢慢接触到 Z 轴设定器上表面，直到其指针指示到零位。

(5) 记下此时机床坐标系中的 Z 值，如 −250.800。

(6) 若 Z 轴设定器的高度为 50 mm，则工件坐标系原点 W 在机械坐标系中的 Z 坐标值为 −250.800 − 50 − (30 − 20) = −310.800。

(7) 将测得的 X、Y、Z 值输入到机床工件坐标系存储地址中(一般使用 G54～G59 代码存储对刀参数)。

6. 关机操作

(1) 在确认程序运行完毕后，机床已停止运动，手动使主轴和工作台停在中间位置，避免发生碰撞。

(2) 关闭空压机等外部设备电源，空气压缩机等外部设备停止运行。

(3) 按下操作面板上的急停按钮。

(4) 关掉机床电箱上的空气开关，机床总电源停止。

(5) 锁上总电源的启动控制开关(钥匙)。

(6) 关闭总电源。

7. 加工中心主轴维护保养

1) 加工中心主轴维护保养要求

(1) 经常检查主轴润滑恒温油箱，适当调节温度范围，并保证油量充足。将吸油管插入油面以下 2/3 处，防止各种杂质进入润滑油箱，保持油液清洁。至少每年对油箱中的润滑油更换一次，清理池底，清洗过滤器和更换液压泵滤油器。

(2) 经常检查主轴端及各处密封，防止润滑油泄漏。

(3) 确保碟形弹簧的伸缩量，使刀具夹紧，保证压缩空气的气压。

(4) 保证主轴锥孔中无切屑、灰尘及其他异物，可以用主轴清洁棒清洁主轴内锥孔，保证主轴与刀柄连接部位的清洁。

(5) 刀柄在刀库的卡位要正确，防止换刀时刀具与主轴的机械碰撞。

2) 加工中心主轴维护保养的禁忌

当刀柄较长时间不用时，一定要将刀柄从主轴上取下来，避免刀柄与主轴内锥孔贴死，从而无法取下刀柄，损坏主轴。

在数控铣床安全操作规程的基础上，还有以下几点须注意：

(1) 主轴负载逐步提高。

(2) 回零必须先回 Z 轴；X、Y、Z 回零时不能停在各轴零点位置上回零；各轴离零点位置的距离，必须大于 20 mm 以上(往负方向手动)；回零时进给修调速率必须要在 80% 以下。

(3) 加工时进给修调速率值要适当，一般应当由慢到合适，在 80% 以下进行调整。

(4) 确认主轴必须回零，主轴刀号对应刀库刀号，而且无刀时才能进行刀库试运行换刀操作。只有进行了刀库试运行，换刀操作无误后，才能进行自动加工。

(5) 机床自动润滑泵应保持油面高度，否则机床不运行。

(6) 空气压缩机停机后，重新启动时的工作压力不大于 2 kgf/cm^2，否则须放气处理后再重新启动空气压缩机。空气压缩机必须注意定时放水，一般 3～5 天放一次，冬天时要每天放干净。数控机床工作时，气动系统工作压力须不小于 6 kgf/cm^2。

(7) 数控机床启动后，须先用低速逐步加速空运转 10～30 min，以利于保持机床的高精度、长寿命，尤其在冬天气温较低的情况下更应注意。

(8) 零件装夹牢靠，夹具上各零部件应不妨碍机床对零件各表面的加工，不能影响加工中的走刀，以免产生碰撞。

(9) 对于编好的程序和刀具、刀库各个参数数据值必须认真进行检查核对，并且于加工前安排好试运行。

5.5　加工中心编程实例

5.5.1　典型盖板类零件加工实例

1. 加工零件图

在加工中心上加工如图 5.27 所示端盖零件，材料为 HT200，毛坯尺寸长×宽×高为

170mm × 110mm × 50mm。试分析该零件的铣削加工工艺，编写加工程序及主要操作步骤。

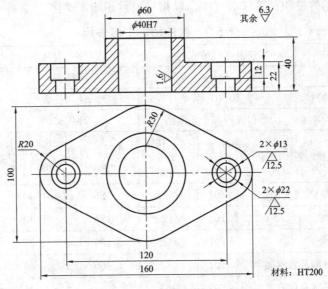

图 5.27　端盖零件图

2. 零件的工艺分析

(1) 零件图工艺分析。该零件主要由平面、孔系及外轮廓组成，要求平面与外轮廓表面粗糙度 $Ra6.3$，可采用粗铣—精铣方案。

(2) 确定装夹方案。根据零件的结构特点，加工上表面、$\phi60$ 外圆及其台阶面和孔系时，选用平口虎钳夹紧；铣削外轮廓时，采用一面两孔定位方式，即以底面、$\phi40H7$ 和一个 $\phi13$ 孔定位。

(3) 确定加工顺序。按照基面先行、先面后孔、先粗后精的原则确定加工顺序，即粗加工定位基准面(底面)→粗、精加工上表面→$\phi60$ 外圆及其台阶面加工→孔系加工→外轮廓铣削→精加工底面并保证高度尺寸为 40mm。

(4) 刀具与铣削用量选择。铣削上下表面、$\phi60$ 外圆及其台阶面和外轮廓面时，留 0.5mm 精铣余量，其余一次走刀完成粗铣。$\phi60$ 外圆及其台阶面选用 $\phi63$ 硬质合金立铣刀加工；外轮廓加工时，铣刀直径不受轮廓曲率半径限制，但要考虑机床电机功率，选用 $\phi25$ 硬质合金立铣刀加工；上下表面铣削应根据侧吃刀量选择端铣刀直径，使铣刀工作时有合理的切入切出角，选用 $\phi125$ 硬质合金端面铣刀加工。孔系加工的刀具与切削用量选择参照表 5.8。

表 5.8　刀具与切削用量选择

刀具编号	加工内容	刀具参数	主轴转速 S /r · min⁻¹	进给量 f /mm · min⁻¹	背吃刀量 a_f /mm
01	$\phi38$ 钻孔	$\phi38$ 钻头	200	40	19
02	$\phi40H7$ 粗镗	镗孔刀	600	40	0.8
	$\phi40H7$ 精镗	镗孔刀	500	30	0.2
03	2—$\phi13$ 钻孔	$\phi13$ 钻头	500	30	6.5
04	2—$\phi22$ 锪孔	22 × 14 锪钻	350	25	4.5

　　(5) 拟定数控铣削加工工序卡片。把零件加工顺序、所采用的刀具和切削用量等参数编入表 5.9 所示的数控加工工序卡片中，以指导编程和加工操作。

表 5.9　数控加工工序卡片

单位名称	×××	产品名称或代号			零件名称		零件图号	
		×××			端盖		×××	
工序号	程序编号	夹具名称			使用设备		车间	
×××	×××	平口虎钳和一面两销			VMC850T		数控中心	
工步号	工步内容		刀具号	刀具规格 /mm	主轴转速 /r · min^{-1}	进给速度 /mm · min^{-1}	背吃刀量 /mm	备注
1	粗铣定位基准面(底面)		T01	ϕ125	180	40	4	自动
2	粗铣上表面		T01	ϕ125	180	40	5	自动
3	粗铣下表面		T01	ϕ125	180	25	0.5	自动
4	粗铣ϕ60 外圆及台阶面		T02	ϕ63	360	40	5	自动
5	精铣ϕ60 外圆及台阶面		T02	ϕ63	360	25	0.5	自动
6	钻ϕ40H7 底孔		T03	ϕ38	200	40	19	自动
7	粗镗ϕ40H7 内孔表面		T04	25 × 25	600	40	0.8	自动
8	精镗ϕ40H7 内孔表面		T04	25 × 25	500	30	0.2	自动
9	钻 2－ϕ13 孔		T05	ϕ13	500	30	6.5	自动
10	2－ϕ22 锪孔		T06	22 × 14	350	25	4.5	自动
11	粗铣外轮廓		T07	ϕ25	900	40	11	自动
12	精铣外轮廓		T07	ϕ25	900	25	22	自动
13	精铣定位基面至尺寸 40		T01	ϕ125	180	25	0.2	自动
编制	×××	审核	×××	批准	×××	年　月　日	共 页	第 页

3. 加工程序及主要操作步骤

　　ϕ40 mm 圆的圆心处为工件编程 X、Y 轴原点坐标，Z 轴原点坐标在工件上表面。主要操作步骤如下：

　　(1) 粗铣定位基准面(底面)，采用平口钳装夹，在 MDI 方式下，用ϕ125 平面端铣刀，主轴转速为 180r/min，起刀点坐标为(150，0，-4)。指令如下：

　　　　G01X150Y0Z-4F40S180M03

　　(2) 粗铣上表面，起刀点坐标为(150，0，-5)，其余设置同步骤(1)。

　　(3) 精铣上表面，起刀点坐标为(150，0，-0.5)，进给速度为 25mm/min，其余设置同步骤(1)。

　　(4) 粗铣ϕ60 外圆及其台阶面，在自动方式下，用ϕ63 mm 平面端铣刀，主轴转速为 360r/min。零件粗加工程序如下：

```
N100 G71G54G0G17G40G90;
```

```
N101 G0X30Y-85M3;
N102 X62;
N103 R1=4.375 R2=4;
N104 Z2;
N105 JK1：G1Z=R1 F40;
N106 Y0;
N107 G3X0Y62 CR=62;
N108 X-62Y0 CR=62;
N109 X0Y-62 CR=62;
N110 X62Y0 CR=62;
N111 G1Y85;
N112 G0Z10;
N113 Y-85;
N114 Z-2.375;
N115 R1=R1-4.375 R2=R2-1;
N116 IF R2>0 GOTOB JK1;
N117 M5;
N118 M30;
```

(5) 粗铣 $\phi60$ 外圆及其台阶面。零件精加工程序如下：

```
N100 G71G54G0G17G40G90;
N101 G0X30Y-85M3;
N102 X61.5;
N103 Z2;
N104 G1Z-18 F25;
N105 Y0;
N106 G3X0Y61.5 CR=61.5;
N107 X-61.5Y0 CR=61.5;
N108 X0Y-61.5 CR=61.5;
N109 X61.5Y0 CR=61.5;
N110 G1Y85;
N111 G0Z10;
N112 M5;
N113 M30;
```

(6) 钻 $\phi40H7$ 底孔，在 MDI 方式下，用 $\phi38\,mm$ 的钻头，主轴转速为 200 r/min，孔坐标为 X0Y0，指令为

　　　CYCLE83(2，0，1，　，45，15，　，5，2，0，1，0)

(7) 粗镗 $\phi40H7$ 内孔表面，使用刀杆尺寸为 $25\,mm \times 25\,mm$ 的镗刀，主轴转速为 600r/min，指令为

CYCLE86 (2，0，1，，45，2，3，-1，-1，1，0)

(8) 精镗 ϕ40H7 内孔表面，主轴转速为 500r/min，指令同步骤(7)。

(9) 钻 2-ϕ13 螺孔，在 MDI 方式下，用 ϕ13 mm 的钻头，主轴转速为 500 r/min，孔坐标为 X60Y0 和 X-60Y0，指令为

CYCLE83(2，0，1，，45，15，，5，2，0，1，0)

(10) 2-ϕ22 锪孔，在 MDI 方式下，用 ϕ22 mm × 14 mm 的锪钻，主轴转速为 350 r/min，孔坐标为 X60Y0 和 X-60Y0，指令为

CYCLE83(2，0，1，，30，15，，5，2，0，1，0)

(11) 粗、精铣外轮廓，在自动方式下，用 ϕ25 mm 的平面立铣刀，主轴转速为 900 r/min。粗铣外轮廓加工程序如下：

```
N100 G71G54G0G17G40G90;
N101 M3;
N102 G0X-19.738Y-57.864;
N103 R1=-29 R2=2;
N104 Z-16;
N105 JK1: G1Z=R1 F40;
N106 X-75.116Y-28.997;
N107 G2X-92.7Y0 CR=32.7;
N108 X-75.116Y28.997 CR=32.7;
N109 G1X-19.738Y57.864;
N110 G2X0Y62.7 CR=42.7;
N111 X19.738Y57.864 CR=42.7;
N112 G1 X75.116Y28.997;
N113 G2 X92.7Y0 CR=32.7;
N114 X75.116Y-28.997 CR=32.7;
N115 G1 X19.738Y-57.864;
N116 G2X0Y-62.7 CR=42.7;
N117 X-19.738Y-57.864 CR=42.7;
N118 R1=R1-11 R2=R2-1;
N119 IF R2>0 GOTOB JK1;
N120 M5
N121 M30
```

精铣外轮廓时，Z 轴方向不分层，一次铣削到位。

(12) 精铣定位基面至尺寸 40 mm，方法同步骤(3)。

5.5.2 中级工加工实例

中级工加工零件图纸如图 5.28 所示。

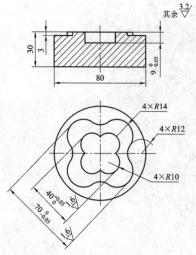

图 5.28　中级工加工零件

中级工数控加工工序简卡如表 5.10 所示。

表 5.10　中级工数控加工工序简卡

数控铣床工艺简卡			
工序名称及加工程序号	工艺简图 (标明定位、装夹位置) (标明程序原点和对刀点位置)	工步序号及内容	选用刀具
YI1	以工件上表面中心为原点。利用平口钳装夹两侧面,保证毛坯料(80×80×20)与钳口对齐,保证毛坯料与下面垫铁没有间隙,保证零件高于台钳 8 mm	1. 审图、打开气泵、上电、回零	
		2. 编程选择 G55 第二坐标系,设零件中心为 XY 零点,选择四点对刀法对刀,Z 零点设在零件上表面,并打开刀补页面设置刀具半径补偿值	$\phi16$ 立铣刀 T5D1
		3. 加工轨迹如下:把刀从换刀点快速移动到加工工件安全点 X60Y-6.85Z-3 处,用 G1 速度铣入 X 轴 X26.34 坐标处(并加入刀具半径补偿指令)	$\phi16$ 立铣 T5D1
		4. 注意加工外轮廓上的四个凸起、R14 的圆弧与四个 R12 凹回去的圆弧,两圆弧之间的节点在计算上一定保证准确	$\phi16$ 立铣 T5D1
		5. 铣完外轮廓后刀具抬到 Z3 安全点,快速定位工件中心,G1 铣削到型腔 Z 轴实际尺寸,下刀前注意刀具半径补偿方向,换行用 G1 速度铣削到零件实际所在第一个尺寸处(X14.14Y0),加工型腔四个圆弧后沿 Z 轴快速移动到换刀点,M30 程序结束	$\phi16$ 立铣 T5D1

中级工数控加工程序如下:

YI1	// 程序名/

```
M6T5D1
M3S1500
G55G90G0G40X60Y0Z-3
G1G41X26.34F500
G2X6.85Y-26.34CR=14
G3X-6.85Y-26.34CR=12
G2X-26.34Y-6.85CR=14
G3X-26.34Y6.85CR=12
G2X-6.85Y26.34CR=14
G3X6.85Y26.34CR=12
G2X26.34Y6.85CR=14
G3X26.34Y-6.85CR=12
G0Z3
G40X0Y0
G1Z-9
G42X14.14
G2X0Y-14.14CR=-10
G2X-14.14Y0CR=-10
G2X0Y14.14CR=-10
G2X14.14Y0CR=-10
G0Z200
G40Y200
M5
M30
```

5.5.3 高级工加工实例

高级工加工零件图纸如图 5.29 所示。

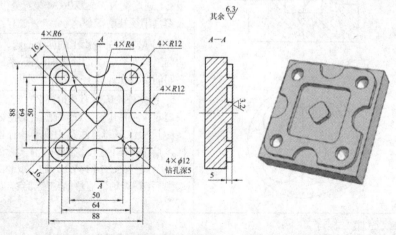

图 5.29 高级工加工零件

高级工数控加工工序简卡如表 5.11 所示。

表 5.11 高级工数控加工工序简卡

数控铣床工艺简卡		
工序名称及加工程序号	工艺简图 (标明定位、装夹位置) (标明程序原点和对刀点位置)	工步序号及内容	选用刀具
XI2	以工件上表面中心为原点。利用平口钳装夹两侧面，保证毛坯料(95×95×20)与钳口对齐，保证毛坯料与下面垫铁没有间隙，保证零件高于台钳 10 mm	1. 审图、打开气泵、上电、回零	
		2. 编程选择 G54 第一坐标系，设零件中心为 XY 零点，选择四点对刀法对刀，Z 零点设在零件上表面，并设置刀具半径补偿值	φ12 立铣刀 T3D1
		3. 加工轨迹如下：把刀从换刀点快速移动到加工工件安全点 X70Y70Z-5，换行加入刀具半径补偿指令	φ12 立铣刀 T3D1
		4. 用 G1 直线插补指令铣削外轮廓直线尺寸，外轮廓上的四个角铣成 R12 的四分之一圆角，还有四个 R12 的二分之一凹圆	φ12 立铣刀 T3D1
		5. 铣完外轮廓后刀具抬到 Z3 安全点，快速定位型腔安全位置。注意刀具半径补偿方向，换行用 G1 速度铣削到零件实际所在尺寸，型腔加工好后 Z 轴不动，刀具移动到凸台尺寸所在处(注意刀具半径补偿方向)，开始加工凸台，凸台加工完后刀具快速抬到 Z3 工件安全点处，取消刀具半径补偿，刀具快速移动到四个直径为 12 mm、深度为 5 mm 盲孔处，将四个孔加工出来，刀具快速移动到换刀点，M30 程序结束	φ12 立铣刀 T3D1

高级工数控加工程序如下：

```
XI2      // 程序名//
M6T3D1
M3S1500
G54G90G0G40X70Y70Z-5
G42Y44
G1X12F500
G2X-12CR=12
```

```
G1X-32
G3X-44Y32CR=12
G1Y12
G2Y-12CR=12
G1Y-32
G3X-32Y-44CR=12
G1X-12
G2X12CR=12
G1X32
G3X44Y-32CR=12
G1Y-12
G2Y12CR=12
G1Y32
G3X32Y44CR=12
G1X30
Y47
G0Z3
G40X0Y0
G41Y24
G1Z-5
Y25
X-19
G3X-25Y19CR=6
G1Y-19
G3X-19Y-25CR=6
G1X19
G3X25Y-19CR=6
G1Y19
G3X19Y25CR=6
G1X-2
Y24
G0Z3
G40X0Y0
G42X8.48
Y2.82
G1Z-5
X2.82Y8.48
G3X-2.82Y8.48CR=4
G1X-8.48Y2.82
```

```
G3X-8.48Y-2.82CR=4
G1X-2.82Y-8.48
G3X2.82Y-8.48CR=4
G1X8.48Y-2.82
G3X8.48Y2.82CR=4
G1X2.82Y8.48
X10
G0Z3
G40X0Y0
X32Y32
G1Z-5
G0Z3
X-32
G1Z-5
G0Z3
Y-32
G1Z-5
G0Z3
X32
G1Z-5
G0Z200
Y200
M5
M30
```

第 5 章　立体化资源

第6章　特种加工

　　随着精密细小、形状复杂和结构特殊零件的应用越来越多，以及计算机技术、微电子技术和控制技术的不断发展，国内外对特种加工技术的需求越来越广泛，特种加工技术已成为零件制造的重要技术手段。特种加工要发展，就要鼓励企业开展个性化定制、柔性化生产，培育精益求精的工匠精神。中国从"制造大国"走向"制造强国"，立足资源禀赋优势推进创新制造，在这样的时代背景下，工匠精神已成为时代的诉求和必然选择。在中国制造转型升级的战略机遇期，国家迫切需要人才支撑，尤其是具有"工匠精神"的技能型人才。

6.1　特种加工概述

　　特种加工亦称"非传统加工"或"现代加工方法"，泛指用电能、热能、光能、电化学能、化学能、声能及特殊机械能等能量去除或增加材料的加工方法，它可以实现材料去除、变形，或改变材料性能、镀覆材料表面等目的。

　　各种新材料、新结构、形状复杂的精密机械零件的出现，提出了一系列迫切需要解决的新问题。例如，各种难切削材料的加工，各种结构形状复杂、尺寸微小或巨大、精密零件的加工，薄壁、弹性元件等特殊零件的加工等，采用传统加工方法十分困难，甚至无法加工。为了解决上述问题，需采用特种加工技术。近年来，国家加大了制造新技术研发的投入，特种加工技术获得了很大的发展，许多特种加工设备已经投入生产应用。特种加工技术正在向工程化和产业化方向发展，其大功率、高可靠性、多功能、智能化的加工设备成为研发重点，其发展前景不可估量。

　　特种加工独具的特点，使得它与传统机械加工相比，在加工工艺性上具有以下较为突出的优势：

　　(1) 不用机械能。如激光加工、电火花加工、等离子弧加工、电化学加工等，均利用热能、化学能、电化学能，这些加工方法与工件的硬度、强度等机械能无关，故可加工各种高强度、高硬度材料。

　　(2) 非接触加工。有些特种加工不需要工具，有的虽然使用工具，但与工件不接触。

因此，工件不承受大的作用力，工具硬度可低于工件硬度，故使刚度极低的元件及弹性元件得以加工。

(3) 微细加工。有些特种加工，如超声、电化学、水喷射、磨料流等，加工余量的去除大都是微细进行，故不但可以加工尺寸微小的孔或狭缝，还可以获得高精度、极低粗糙度的加工表面。

(4) 采用简单进给运动，可以加工出复杂型面的工件。

6.1.1 特种加工的产生及发展

1943 年，苏联拉扎连科夫妇研究开关触电遭受火花放电腐蚀损坏的现象和原因时，发现电火花的瞬时高温可以让金属局部融化、气化而被腐蚀，从而开创和发明了电火花加工方法，研发了第一台特种机床。

20 世纪 40 年代，随着生产发展和科学实验的需要，很多工业部门，尤其是国防工业部门要求尖端科学技术产品向高精度、高速度、高温、高压、大功率、小型化等方向发展，它们使用的材料越来越难加工，零件的形状越来越复杂，尺寸精度、表面粗糙度和某些特殊要求也越来越高，因而对机械制造部门提出一些新的要求：

(1) 解决各种难切削材料的加工问题。如硬质合金、钛合金、耐热钢、不锈钢、淬火钢、金刚石、宝玉石、石英以及锗、硅等各种高硬度、高强度、高韧性、高脆性的金属及非金属材料的加工。

(2) 解决各种特殊复杂表面的加工问题。如喷汽涡轮机叶片、整体涡轮、发动机机匣、锻压模和注射模的立体成形表面，各种冲模、冷拔模上特殊断面的型孔，炮管内膛线，喷油嘴、栅网、喷丝头上的小孔、窄缝等的加工。

(3) 解决各种超精、光整或具有特殊要求的零件的加工问题。如对表面质量和精度要求很高的航天、航空陀螺仪、伺服阀，以及细长轴、薄壁零件、弹性元件等低刚度零件的加工。

要解决上述一系列工艺问题，仅仅依靠传统的切削加工方法很难实现，甚至根本无法实现，于是人们相继探索研究新的加工方法，特种加工就是在这种前提条件下产生和发展起来的。

特种加工的发展方向主要是：提高加工精度和表面质量，提高生产率和自动化程度，发展几种方法联合使用的复合加工，发展纳米级的超精密加工等。

6.1.2 特种加工的分类

目前较为常见的特种加工方法主要有超声加工技术、激光加工技术、电火花加工技术、电化学加工技术、快速成型技术、微细加工技术。特种加工方法的类别很多，根据加工机理和所采用的能源，可分为以下几类：

(1) 力学加工：应用机械能来进行加工，如磨料流加工(AFM)、磨料喷射加工(AJM)、液体喷射加工(HDM)等。

(2) 电物理加工：利用电能转换为热能进行加工，如电火花加工(EDM)、电火花线切割加工(WEDM)、等离子体加工(PAM)、电子束加工(EBM)等；利用电能转换为机械能进行加工，如离子束加工(IBM)等。

(3) 电化学加工：利用电能转换为化学能进行加工，如电解加工(ECM)、电铸加工(ECM)、涂镀加工(EPM)等。

(4) 物理加工：利用声能转换为机械能进行加工，如超声波加工(USM)；利用光能转换为热能进行加工，如激光束加工(LBM)。

(5) 化学加工：利用化学能或光能转换为化学能进行加工，如化学铣削(CHM)、光刻加工(PCM)(即刻蚀加工、光化学加工)等。

6.2 电火花线切割加工

6.2.1 电火花线切割加工概述

电火花线切割加工是电火花加工的一个分支，是一种直接利用电能和热能进行加工的工艺方法，它用一根移动着的导线(电极丝)作为工具电极对工件进行切割，故称线切割加工。线切割加工中，工件和电极丝的相对运动是由数字控制实现的，故又称为数控电火花线切割加工，简称线切割加工。

1. 电火花线切割机床的分类

(1) 按走丝速度分：可分为慢速走丝和高速走丝线切割机床。

(2) 按加工特点分：可分为大、中、小型以及普通直壁切割型与锥度切割型线切割机床。

(3) 按脉冲电源形式分：可分为 RC 电源、晶体管电源、分组脉冲电源及自适应控制电源线切割机床。

2. 电火花加工的常用术语

(1) 工具电极。电火花加工用的工具是电火花放电时的电极之一，故称为工具电极，有时简称电极。

(2) 放电间隙。放电间隙是放电时工具电极和工件间的距离，它一般在 0.01～0.5 mm 之间，粗加工时间隙较大，精加工时则较小。

(3) 脉冲宽度(μs)。脉冲宽度简称脉宽(也常用 ON、TON 等符号表示)，是加到电极和工件上放电间隙两端的电压脉冲的持续时间。为了防止电弧烧伤，电火花加工只能用断断续续的脉冲电压波。一般来说，粗加工时可用较大的脉宽，精加工时只能用较小的脉宽。

(4) 脉冲间隔(μs)。脉冲间隔简称脉间或间隔(也常用 OFF、TOFF 表示)，它是两个电压脉冲之间的间隔时间。间隔时间过短，放电间隙来不及消电离和恢复绝缘，容易产生电弧放电，烧坏电极和工件；脉间选得过长，将降低加工生产率。加工面积、加工深度较大时，脉间也应稍大。

(5) 脉冲周期(μs)。一个电压脉冲开始到下一个电压脉冲开始之间的时间称为脉冲周期。

(6) 脉冲频率(Hz)。脉冲频率是指单位时间内电源发出的脉冲个数。

(7) 开路电压或峰值电压(V)。开路电压是间隙开路和间隙击穿之前 t_d 时间内电极间的最高电压。一般晶体管方波脉冲电源的峰值电压为 60～80 V，高低压复合脉冲电源的高压峰值电压为 175～300 V。峰值电压高时，放电间隙大，生产率高，但成形复制精度较差。

(8) 加工电流 I(A)。加工电流是加工时电流表上指示的流过放电间隙的平均电流。精加工时小，粗加工时大，间隙偏开路时小，间隙合理或偏短路时则大。

(9) 短路电流 I_s(A)。短路电流是放电间隙短路时电流表上指示的平均电流。它比正常加工时的平均电流要大 20%～40%。

(10) 峰值电流(A)。峰值电流是间隙火花放电时脉冲电流的最大值(瞬时)，在日本、英国、美国常用 I_p 表示。虽然峰值电流不易测量，但它是影响加工速度、表面质量等的重要参数。在设计制造脉冲电源时，每一功率放大管的峰值电流是预先计算好的，选择峰值电流实际是选择几个功率管进行加工。

随着数字控制技术的发展，电火花加工机床已数控化。机床功能更加完善，自动化程度大为提高，实现了电极和工件的自动定位、加工条件的自动转换、电极的自动交换、工作台的自动进给、平动头的多方向伺服控制等。低损耗电源、微精加工电源、适应控制技术和完善的夹具系统的采用，显著提高了加工速度、加工精度和加工稳定性，扩大了应用范围。电火花加工机床不仅向小型、精密和专用方向发展，而且向加工汽车车身、大型冲压模的超大型方向发展。

6.2.2 电火花线切割 BMXP 操作系统

本节以苏州宝玛 BMW5000 型电火花线切割机(如图 6.1 所示)为例，介绍电火花线切割 BMXP 操作系统。

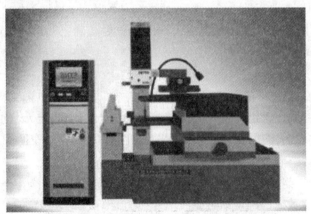

图 6.1 宝玛 BMW5000 型电火花线切割机

BMXP 线切割编控系统(以下简称 BMXP 系统)基于 Windows XP 平台的线切割编控系统，用 CAD 软件根据加工图纸绘制加工图形，对 CAD 图形进行线切割工艺处理，生成线切割加工的二维或三维数据，并进行零件加工。在加工过程中，该系统能够智能控制加工速度和加工参数，完成对不同加工要求的加工控制；以图形方式进行加工，使 CAD 和 CAM 系统有机地结合。

BMXP 系统具有切割速度自适应控制、切割进程实时显示、加工预览等方便的操作功能，同时，对于各种故障(断电、死机等)提供了完善的保护，防止工件报废。

1. BMXP For AutoCAD 辅助绘图功能

BMXP 系统的 AutoCAD 线切割插件安装程序在 D 盘的 BMXP20090806a 目录下，双击 "AutoCADSetup.EXE"，出现的主界面如图 6.2 所示。

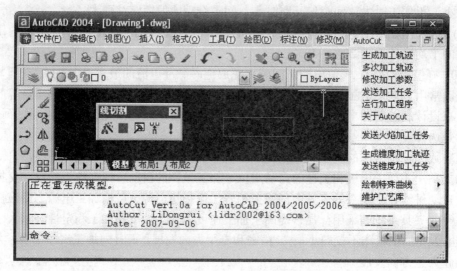

图 6.2　AutoCAD 2004 中 AutoCut 线切割模块主界面

BMXP For AutoCAD 的辅助绘图功能包括绘制阿基米德螺旋线、抛物线、渐开线、摆线以及齿轮等，现介绍如下：

1) 阿基米德螺线

执行 "AutoCut" 菜单下的 "绘制特殊曲线"→"阿基米德螺旋线" 命令，会弹出画阿基米德螺旋线对话框，输入阿基米德螺旋线的参数后，确定即可完成阿基米德螺旋线的绘制。

2) 抛物线

执行 "AutoCut" 菜单下的 "绘制特殊曲线"→"抛物线" 命令，会弹出画抛物线对话框，输入抛物线的参数，确定即可完成抛物线的绘制。抛物线 $y = kx^2$ 的参数包括：抛物线 x 坐标的范围以及系数 k 的值。另外，还可以设置抛物线在图纸空间的旋转和平移。

3) 渐开线

执行 "AutoCut" 菜单下的 "绘制特殊曲线"→"渐开线" 命令，会弹出画渐开线对话框，输入渐开线的参数后，确定即可完成渐开线的绘制。

4) 摆线

执行 "AutoCut" 菜单下的 "绘制特殊曲线"→"摆线" 命令，会弹出画摆线对话框，输入摆线的参数后，确定即可完成摆线的绘制。

5) 齿轮

执行 "AutoCut" 菜单下的 "绘制特殊曲线"→"齿轮" 命令，弹出 "画齿轮" 对话框，如图 6.3 所示，输入齿轮的基本参数，预览后，即可将预览生成的齿轮轮廓线插入图纸空间。

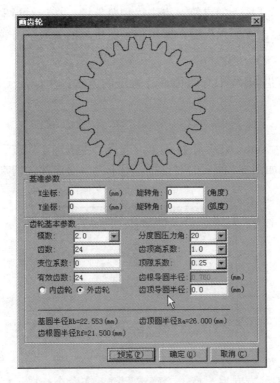

图 6.3 "画齿轮"对话框

6) 矢量文字

执行"Autocut"菜单下的"绘制特殊曲线"→矢量文字命令，弹出"插入矢量字符"对话框，如图 6.4 所示。

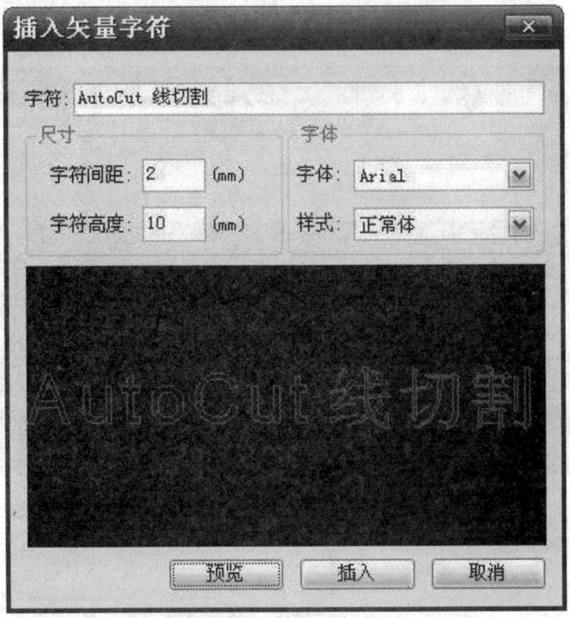

图 6.4 "插入矢量字符"对话框

在字符框中输入需要插入的字符，点击"预览"键，在该对话框的黑色窗口上会显示出相应的轮廓，然后点击"插入"键，即可将预览生成的矢量字符轮廓插入到图纸空间。

2. 轨迹设计

在 AutoCAD 线切割模块中有两种设计轨迹的方法：生成加工轨迹和生成多次加工轨迹。

1) 生成加工轨迹

点击菜单栏上的"AutoCAD"下拉菜单，选择"生成加工轨迹"项，或者点击工具条上的 按钮，会弹出如图 6.5 所示的对话框，用于提供快走丝线切割机生成加工轨迹时需要设置的参数。

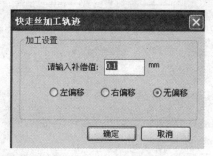

图 6.5　"快走丝加工轨迹"对话框

设置好补偿值和偏移方向后，点击"确定"键。在命令行提示栏中会提示"请输入穿丝点坐标"，可以手动在命令行中用相对坐标或者绝对坐标的形式输入穿丝点坐标，也可以用鼠标在屏幕上点击鼠标左键选择一点作为穿丝点坐标。穿丝点确定后，命令行会提示"请输入切入点坐标"，这里要注意，切入点一定要选在所绘制的图形上，否则是无效的。可以在命令行中手工输入切入点的坐标，也可以用鼠标在图形上选取任意一点作为切入点，切入点选中后，命令行会提示"请选择加工方向<Enter 完成>"，如图 6.6 所示。

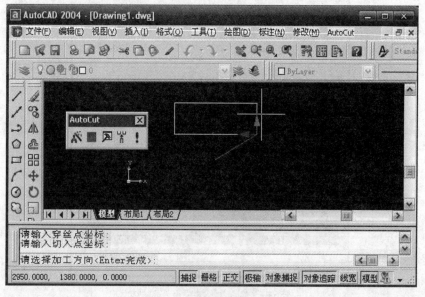

图 6.6　加工方向的选择

移动鼠标可看出加工轨迹上红、绿箭头交替变换，在绿色箭头一方点击鼠标左键，确定加工方向，或者按 Enter 键完成加工轨迹的拾取，轨迹方向将是当时绿色箭头的方向。

对于封闭图形，经过上面的过程即可完成轨迹的生成，而对于非封闭图形会稍有不同，在完成加工轨迹的拾取之后，命令行会提示"请输入退出点坐标<Enter 同穿丝点>"，如图 6.7 所示。

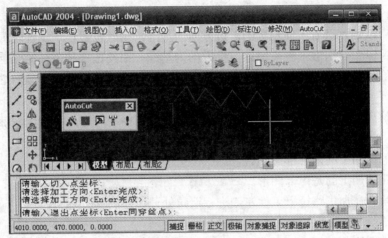

图 6.7 非封闭图形加工轨迹的生成

可以手工输入或用鼠标在屏幕上拾取一点作为退出点的坐标，也可以按 Enter 键使得默认退出点和穿丝点重合，从而完成非封闭图形加工轨迹的生成。

2) 生成多次加工轨迹

点击菜单栏上的"AutoCAD"下拉菜单，选择"生成加工轨迹"项，或者点击工具条上的■按钮，会弹出如图 6.8 所示的"多次加工轨迹"界面。

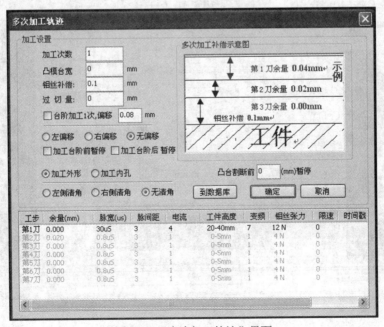

图 6.8 "多次加工轨迹"界面

加工次数：多次切割的次数。

凸模台宽：凸台的宽度，默认为 1 mm。

钼丝补偿：对钼丝的补偿，补偿值默认为 0.1 mm。

过切量：加工结束后，工件有时不能完全脱离，可以在生成轨迹时设置过切量使得加工后的工件能够完全脱离。

左偏移：以钼丝沿着工件轮廓的前进方向为基准，钼丝位置位于工件轮廓左侧。

右偏移：以钼丝沿着工件轮廓的前进方向为基准，钼丝位置位于工件轮廓右侧。

无偏移：以钼丝沿着工件轮廓的前进方向为基准，钼丝位置和工件轮廓重合。

加工台阶前是否暂停：如选中会在加工台阶之前暂停，等待人工干预后继续加工，否则不用。

加工台阶后是否暂停：如选中会在加工完台阶后暂停，等待人工干预后继续加工，否则不用。

加工外形：加工的是外部图形。

加工内孔：加工的是内部图形。

左侧清角：在加工路径上工件左侧进行清角处理。

右侧清角：在加工路径上工件右侧进行清角处理。

无清角：不清角。

点击"到数据库"键，打开"专家库"界面，在"工厂数据库"中可以对加工参数进行查询和选择，在"用户数据库"中可对加工参数进行设置并可保存到数据库中。点击"查询"键，弹出图 6-9 所示的"数据库查询"对话框。点击"确定"键，当前工艺参数被传递到"多次加工轨迹"界面中，如图 6.10 所示。

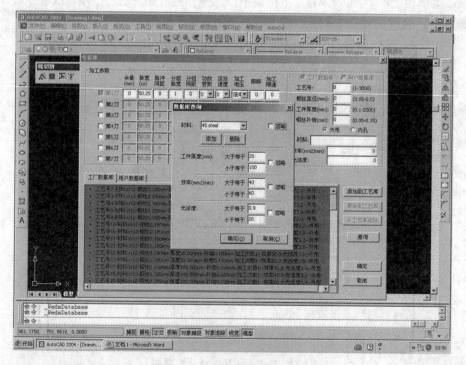

图 6.9　"数据库查询"对话框

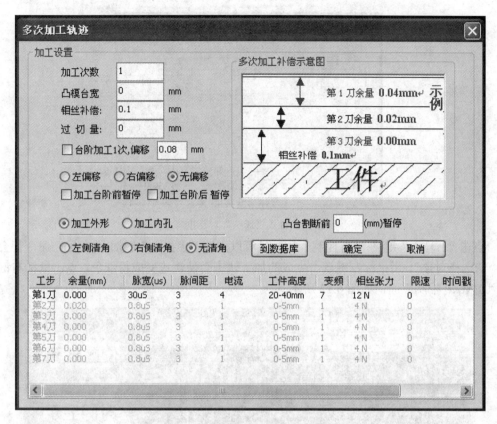

图 6.10 "多次加工轨迹"界面

在"多次加工轨迹"界面中，点击"确定"键，多次加工的设置完成。在 AutoCAD 软件的命令行提示栏中会提示"请输入穿丝点坐标"，可以在命令行中用相对坐标或者绝对坐标的形式手动输入穿丝点坐标，也可以在屏幕上用鼠标点击左键选择一点作为穿丝点坐标。穿丝点确定后，命令行会提示"请输入切入点坐标"。这里要注意，切入点一定要选在所绘制的图形上，否则是无效的，可以在命令行中手工输入切入点的坐标，也可以在图形上用鼠标选取任意一点作为切入点。选中切入点后 命令行会提示"请选择加工方向<Enter 完成>"(同生成加工轨迹)。移动鼠标可以看出加工轨迹上的红、绿箭头交替变换，在绿色箭头一方点击鼠标左键，确定加工方向，或者按 Enter 键完成加工轨迹的拾取，轨迹方向将是当时绿色箭头的方向。

对于封闭与非封闭的图形，设置完加工参数后，其他部分和"生成加工轨迹"功能类似。

3. 轨迹加工

在 AutoCAD 线切割模块中发送加工轨迹的方法是直接通过 AutoCAD 发送加工任务给 BMXP 控制软件，点击菜单栏上的"AutoCAD"下拉菜单，选择"发送加工任务"项，或者点击 图形按钮，会弹出"选卡"对话框，如图 6.11 所示。

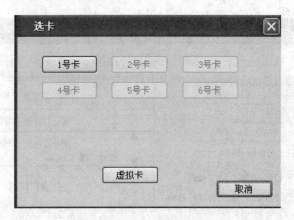

图 6.11 "选卡" 对话框

点击 "1 号卡" 键(在没有控制卡的时候可以点选 "虚拟卡" 看演示效果)，命令行会提示 "请选择对象"，用鼠标左键点击生成的加工轨迹会使轨迹变成粉红色，点击鼠标右键会进入 BMXP 控制界面，如图 6.12 所示。

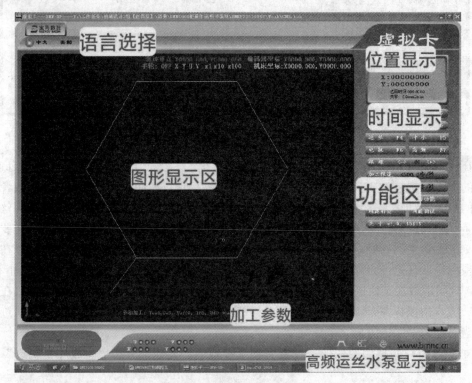

图 6.12 BMXP 控制界面

1) 语言选择

在语言选择区点击鼠标左键，会出现提示中、英文切换的界面，只要用鼠标左键进行选择就可以完成即时切换。本软件还有俄文版本供用户选择。

2) 位置显示

在实际加工或者空走加工时，在位置显示区会实时看到 X、Y、U、V 四轴实际加工的位置。

3) 时间显示

在加工时"已用时间"表示该工件的加工已经使用的时间,"剩余时间"表示该工件加工完毕还需要的时间。

4) 图形显示区

在实际加工、空走加工时,在图形显示区会实时回显当前加工的位置。

5) 加工参数

在加工时,实时显示当前加工参数:脉宽、脉间、分组、分组间距、丝速等。

6) 高频、运丝、水泵显示

在加工时,实时显示高频、运丝、水泵的开关状态。

7) 功能区

功能区包含打开文件、开始加工、电机、高频、间隙、加工限速、空走限速、设置、手动、关于等功能。

4. 开始加工

发送加工任务后可以执行加工指令,具体操作为:点击功能区"开始加工"键,进入"开始加工——虚拟卡"对话框,如图 6.13 所示。

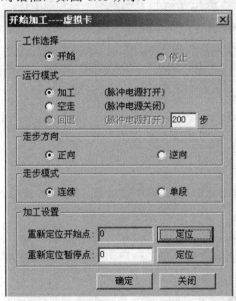

图 6.13　"开始加工——虚拟卡"对话框

1) 工作选择

开始:开始进行加工;

停止:停止目前的加工工作。

注意　正在进行加工时不能退出程序,必须先停止加工,然后才能退出。

2) 运行模式

加工:打开高频脉冲电源,实际加工;

空走：不开高频脉冲电源，机床按照加工文件空走；

回退：打开高频脉冲电源，回退指定步数(回退的指定步数可以在设置界面中进行设置，并会一直保存直到下一次设置被更改)。

3) 走步方向

正向：实际加工方向与加工轨迹方向相同；

逆向：实际加工方向与加工轨迹方向相反。

4) 走步模式

连续：加工时，只有一条加工轨迹加工完才停止；

单段：加工时，一条线段或圆弧加工完时，会进入暂停状态，等待用户处理。

5) 加工设置

重新定位开始点：点击"定位"键，弹出下拉菜单，选择"开始点为第一段起点"即以第一段起点作为开始点；选择"开始点为第 N 段起点"，在弹出的对话框中输入数值(在有效值范围内)设置第 N 段起点作为开始点；选择"开始点为最后一段起点"即以最后一段的起点作为开始点；选择"开始点为指定步数"，在弹出的对话框中输入指定步数(在有效值范围内)设置指定的步数位置为开始点。

重新定位暂停点：点击"定位"键，使用方法同"重新定位开始点"。

当上面的选择完成后，确定开始加工，原来的"开始加工"键会变成"暂停加工"，在需要暂停的时候可以点击该键，同样会弹出上述对话框，供用户根据实际情况进行相应的处理。

(1) 高频 [高频 F7] ：此命令用来开关高频脉冲电源。当高频被打开时，会在主界面上显示 [⊓] ，否则变灰。

(2) 运丝 [运丝 F4] ：此命令用来开关运丝筒。当运丝被打开时，会在主界面上显示 [运丝] ，否则变灰。

(3) 冲水 [冲水 F5] ：此命令用来开关水泵。当冲水被打开时，会在主界面上显示 [水泵] ，否则变灰。

(4) 加工限速：在功能区点击"加工速度"，弹出"加工限度"对话框，可用来限制加工的最大速度，单位为 Hz，如图 6.14 所示。

图 6.14 "加工限速"对话框

(5) 空走限速：在功能区点击"空走限速"，弹出"空走速度设定"对话框，可用来限制机床在空走时的最大速度，单位为 Hz，如图 6.15 所示。

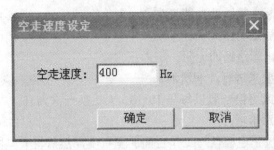

图 6.15　"空走速度设定"对话框

(6) 高频设置：点击图 6.12 所示"手动加工"的位置，会显示"高频设置"界面，点击"高频设置"弹出对话框进入"工艺参数"设定界面，如图 6.16 所示。在该界面中，可以对任意一条参数项进行修改，操作方法为：选中列表中任一条需要进行修改的参数项，在参数 1 中进行修改，修改完毕后，点击"更新"键，即可将修改后的参数更新到工艺参数中，点击"确定"键设置完成。

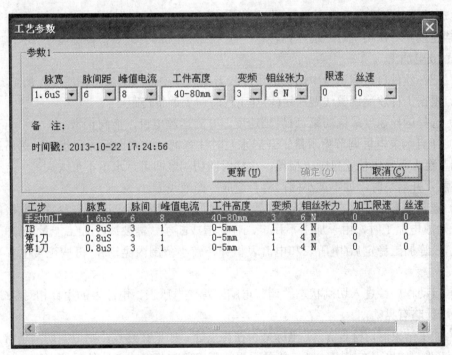

图 6.16　"工艺参数"设定界面

6.2.3　电火花线切割加工实例

机床开机切割前，必须先熟悉机床的各个部件和掌握电控柜的正确操作方法。可以按下述步骤操作：

(1) 启动电源开关，让机床空载运行，观察其工作状态是否正常。

① 电控柜必须先通电工作 10 min 以上，无异味、无异常响声。

② 机床电机运动正常，运丝筒换向正常，水泵出水正常，高频交流接触器吸合正常。

③ 运丝筒换向切断高频脉冲功能正常。

④ 各个行程开关触点动作灵敏。

⑤ 工作液各个进出管路畅通无阻，压力正常。

(2) 根据机床润滑要求进行注润滑油。

(3) 工作液的添加或更换一般以每隔 10～15 天更换一次为宜。

(4) 工件的装夹注意事项：

① 装夹工件前应校正电极丝与工作台面的垂直度，然后将夹具固定在工作台上。

② 工件装夹前应清洁工件放置面和夹具放置面，注意工件装夹是否导电良好。

③ 装夹工件时应根据图纸要求用百分表等量具找正基准面，使其与工作台的 X 方向或 Y 方向平行，装夹位置应使工件的切割范围控制在机床的允许行程之内。工件及夹具等在切割过程中不应碰到运丝部件的任何部位。工件装夹完毕，需清除工作台面上的一切杂物。

(5) 电极丝的绕装。

丝速设定：本机床采用变频器调节运丝筒旋转速度。运丝筒绕丝选择第"2"挡或第"3"挡速度。一次切割时，运丝筒转速一般采用速度高的第"1"挡速度。

(6) 放电加工。

① 把在软件自带编辑器中编辑的程序或者从软驱中读入的加工程序导入加工界面。

② 根据工件厚度调整线架跨距(切割工件时避免调整跨距)。

③ 选择运丝速度最快的第"1"挡速度。开启运丝电机，换向正常。

④ 开启水泵电机调节喷水量。开启水泵时注意把调节阀调至关闭状态，然后逐渐开启，调节至上下喷水柱能包围电极丝，水柱射向切割区即可，水量不可太大。

注意　开启泵时，如不调小阀门将会造成冷却液飞溅。

⑤ 选择电参数。用户可结合切割效率和表面粗糙度等要求选择电参数。电极丝与工件刚开始放电加工时，由于加工不稳定，容易造成断丝。需要减小加工能量(脉冲间隔相对变大)，等加工稳定后(电压表和电流表指针在较小范围内晃动)，再按正常电参数进行加工。

⑥ 启动程序，进入切割状态。调节电脑跟踪使电压表、电流表的指针相对稳定(允许电流表指针略有晃动)。

⑦ 加工结束后，检查 X、Y 坐标是否在终点处。如果在终点，则说明切割正常，可拆下工件清洗；如果不在终点，则可能是编辑的程序段有问题或者软件系统出错。

注意　工作中如有意外情况，请按下电控柜控制面板上的红色急停键开关，即可切断电源。等故障排除以后，恢复红色急停键开关。

⑧ 电控柜带有断电记忆功能，在断电处，可以继续原来的切割。断电后，千万不可移动 X、Y、U、V 轴，否则精度无法保证。

下面以苏州宝玛 BMW5000 型电火花线切割机、BMXP 线切割编控系统为例，介绍电火花线切割加工。

1. **机床电源的启动**

打开配电箱电源，打开线切割机床电源，启动计算机，确认机床工作灯正常亮起。

2. **电极丝的选择**

可使用 0.1～0.3 mm 的电极丝，一般使用 0.18 mm 的电极丝。

3. **工件的装夹**

本机床采用"井"形工件安装台，整个工作台上有很多用于连接压紧螺钉的装夹固定用螺纹孔，其工件固定采用压板、螺钉紧固。

4. **图纸的绘制**

利用计算机中 BMXP For AutoCAD 软件的绘图功能完成线切割图纸的绘制，或使用 U 盘拷贝图纸。

5. **生成加工轨迹**

使用线切割插件中的"生成加工轨迹"输入补偿偏移，对图纸中的待加工图形生成加工轨迹，如图 6.5 所示。

6. **生成任务**

通过执行"发送加工任务"→选择"1 号卡"，将加工任务发送给机床。

7. **参数设定**

完成加工任务发送后，进入 BMXP 加工页面，如图 6.17 所示。

图 6.17　BMXP 加工页面

在此页面点击"手动加工"小字，会进入"工艺参数"页面，如图 6.18 所示。根据选择材料和工艺要求进行参数设定。

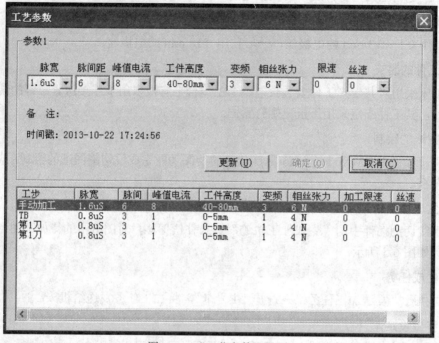

图 6.18　"工艺参数"界面

8. 对刀

根据工件需要加工的位置，使用透光法或打火法进行对刀。

透光法：机床灯移到合适位置，看电极丝与工件表面间透过的光，以光线刚好被挡住为准。

打火法：调小电流，使电极丝移动靠近工件，以刚好有火花产生为准。

9. 开始加工

点击操作面板右侧的"开始加工"键，如图 6.19 所示，会进入"加工设置"界面，如图 6.20 所示，点击"确定"键，即可开始加工，等待加工完成。

图 6.19　点击"开始加工"键

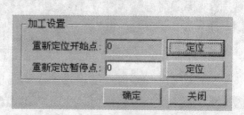

图 6.20　"加工设置"界面

6.3 电火花成型机床加工

6.3.1 电火花成型机床加工概述

电火花成型机床是电火花加工机床的主要品种，根据机床结构分为龙门式、滑枕式、悬臂式、框形立柱式和台式电火花成型机床，此外还可根据加工精度分为普通、精密和高精度电火花成型机床。

电火花成型机床一般由本体、脉冲电源、自动控制系统、工作液循环过滤系统和夹具附件等部分组成。机床本体包括床身、立柱、主轴头和工作台等部分，其作用主要是支承、固定工件和工具电极，并通过传动机构实现工具电极相对于工件的进给运动。脉冲电源的作用是提供电火花加工的能量，有弛张式、闸流管式、电子管式、可控硅式和晶体管式脉冲电源，以晶体管式脉冲电源使用最广。自动控制系统由自动调节器和自适应控制装置组成。自动调节器及其执行机构用于电火花加工过程中维持一定的火花放电间隙，保证加工过程正常、稳定地进行。自适应控制装置主要对间隙状态变化的各种参数进行单参数或多参数的自适应调节，以实现最佳的加工状态。工作液循环过滤系统是实现电火花加工必不可少的组成部分，一般采用煤油、变压器油等作为工作液。工作液循环过滤系统由储液箱、过滤器、泵和控制阀等部件组成。过滤方法有介质过滤、离心过滤和静电过滤等。夹具附件包括电极的专用夹具、油杯、轨迹加工装置(平动头)、电极旋转头和电极分度头等。

下面以泰安伟豪机械有限公司生产的单立柱式电火花成型机床为例，如图 6.21 所示，介绍电火花成型机床的结构。

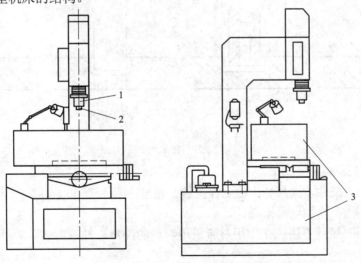

1— 主轴头；2—工具电极；3—工作液循环过滤装置
图 6.21 电火花成型机床

1. 主轴头

(1) 作用：安装电极并控制电极与工件之间的放电间隙。

（2）要求：刚性好、进给速度高、灵敏度高、运动直线性好、承载能力强。

2. 工具电极

（1）要求：导电性能良好、电腐蚀困难、电极损耗小、具有足够的机械强度、加工稳定、效率高、材料来源丰富、价格便宜等。

（2）种类及性能特点：常用电极材料包括铜和石墨，一般精密的小电极用铜来加工，而大电极用石墨。

① 石墨电极。

a. 加工性能好，成型容易，但加工时有污染。

b. 宽脉冲大电流情况下损耗小，适合粗加工。

c. 密度小，重量轻，适宜制造大电极。

d. 单向加压烧结的石墨有方向性。

e. 精加工时损耗较大。

f. 易产生电弧烧伤。

② 铜电极。

a. 纯铜电极：纯度高，组织细密，含氧量极低，导电性能佳，电蚀出的模具表面光洁度高，经热处理工艺，电极无方向性。

b. 银铜电极：电蚀速度快，光洁度高，损耗低，粗加工与细加工可一次完成，是精密制模的理想材料。

3. 工作液循环过滤装置

（1）分类。

工作液循环过滤装置分为冲液和抽液两类，如图 6.22 所示。

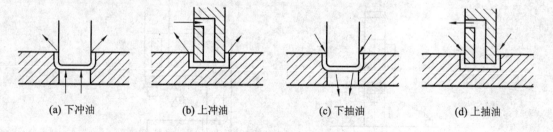

(a) 下冲油   (b) 上冲油   (c) 下抽油   (d) 上抽油

图 6.22　冲液、抽液

（2）作用与要求。

① 改善加工条件，提高加工稳定性及加工速度。

② 使用不当会增加电极损耗。

③ 能不用时尽量不用；必须用时应采用合理的冲液、抽液方式，并严格控制冲液、抽液压力。

4. 工作液

（1）要求：黏度低，闪火点高、沸点高、绝缘性好、安全性好，对加工件不污染、不腐蚀，氧化安全性好，寿命长，价格便宜。

（2）种类：常用电火花加工专用油，分为合成型、高速型和混合型电火花加工液。

6.3.2 电火花成型机床加工操作

1. 电源面板

电火花成型机床的电源面板如图 6.23 所示。

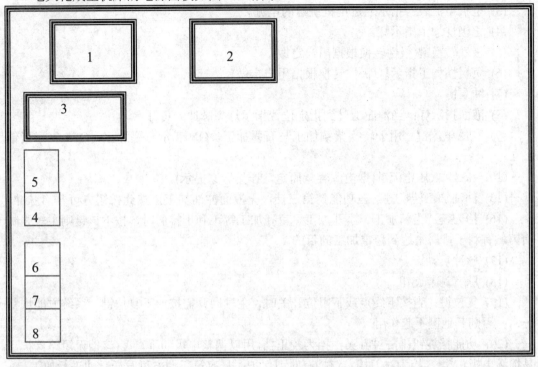

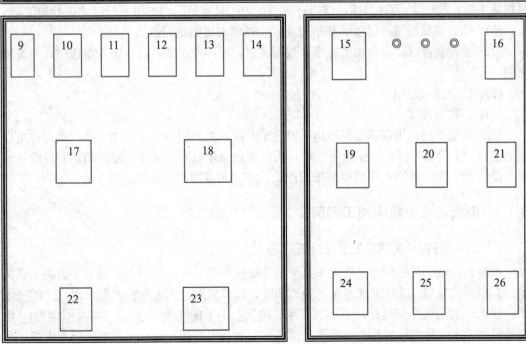

图 6.23 电源面板

2．电源面板功能介绍

(1) 电流表：指示加工电流。

(2) 间隙电压表：指示加工间隙电压值，粗、中、精加工时该电压表一般调在 40～50V
比较合适，精加工时在 50V 以上(以加工稳定为准)。

(3) 电机电流表：指示通过电机绕组的电流。

(4) 正极性加工指示灯。

(5) 极性转换键(极性转换根据用户定做)。

(6) 负极性加工指示灯(极性转换根据用户定做)。

(7) 油泵键。

(8) 液面指示灯：当油面上升到指定位置指示灯亮脉冲方可开启。

(9) 高压电流键：用于转换紫铜加工与石墨加工，ON 表示石墨加工，OFF 表示紫铜
加工。

(10)～(14) 低压电流键(据电源容量而定，详见厂家提示)。

(15) 冲油加工转换键：在功能挡第三挡，无液面冲油加工，按此按钮方可开启脉冲。

(16) 抬刀键：当精加工、小孔加工、盲孔加工等不利于排屑时，按下该键则主轴强制
抬刀，有利于排屑来达到稳定加工的目的。

(17) 脉冲启动键。

(18) 脉宽调节旋钮。

(19) 复位键：当按下终点或下限位开关时，主轴回升需按一下复位键，系统方能恢复
正常；否则其他键不起作用。

(20) 功能挡旋钮：分三挡，第一挡为校正挡，用以调整电极的垂直度(该挡无短路保护，
易撞坏电极)；第二挡为对刀挡，该挡有对刀保护；只有第三挡方可发送脉冲进行加工。

(21) 抬刀高度旋钮：用以调整抬刀高度，越向右旋则抬刀越高。

(22) 脉冲急停键：工件加工完毕，按下该键，脉冲电源断开，该键为自锁键，右旋可
解锁。

(23) 脉冲停歇旋钮。

(24) 主轴启停键。

(25) 伺服旋钮：用以调整间隙电压及主轴升降。当功能挡旋钮在第一、二挡时，用以
调整主轴的上升或下降；当在第三挡时，用以调整间隙电压，来达到稳定加工的目的。

(26) 抬刀频率旋钮：用以调整抬刀次数，越向右旋则抬刀越慢。

6.3.3　电火花成型机床加工实例

1．模型腔数控电火花加工工艺分析

单轴数控电火花机床加工的龙头纪念币花纹模型腔示意图如图 6.24 所示。这类工艺美
术型腔模具的特点：几何形状复杂、轮廓清晰、造型精致、表面粗糙度高，但尺寸精度无
严格要求。加工这类模具时，不能加工排屑排气孔，不能冲液(否则造成损耗不均匀)，也
不能做侧面平动修光，因此，排屑排气困难。一般是用低损耗规准一次加工基本成型，只
留 0.2～0.3 mm 的余量进行中、精加工。

工件采用 45 号调质钢(T235)，无预加工，加工面积约为 2000 mm², 加工深度为 2.8 mm，电火花加工表面粗糙度 $Ra = 1 \sim 1.6 \ \mu m$；电火花加工前磨上、下两面，表面粗糙度达 $Ra = 0.8 \ \mu m$。电极材质为紫铜，用雕刻机加工，加工后检查条纹应清晰无毛刺。

图 6.24　龙头纪念币图

表 6.1 给出了龙头纪念币加工规准的选择与转换以及对应的加工深度。加工时不冲油，采用定时抬刀。

表 6.1　龙头纪念币加工规准的选择与转换以及对应的加工深度

脉冲宽度 /μs	脉冲间隔 /μs	功放管数		平均加工 电流/A	进给深度 / mm	表面粗糙度 /μm	工件 极性
		高压	低压				
250	100	2	6	8	2.40	8	负
150	80	2	4	3	2.60	6	负
60	40	2	4	1.2	2.70	3.5～4	负
12	20	2	1	0.8	2.74	2～2.5	负
2	12	2	0.5	0.2	2.77	1.6	正

这类模具电极的制作可采用按图纸雕刻、电铸法成型或腐蚀成型等方法。固定可采用预加工螺纹孔或背面焊接柄的方法，如图 6.25 所示。但注意变形，电极较薄时，可采用附加基准平板，用导电胶将电极与平板粘接在一起的方法，注意粘牢、粘平和电极的变形及导电性。在电极与工件相对位置找正时，可借助块规在 X、Y 两方向最大直径处校正四点的等高，减少深度误差。

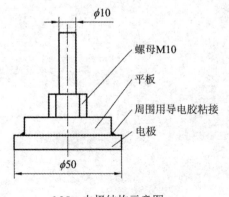

6.25　电极结构示意图

2. 加工步骤

(1) 首先打开机床电源总开关。

(2) 机床回零。

(3) 装上电极与夹头，校正垂直，平行基准，将工件放于磁器工作台上，校正平行基准后吸磁固定。

(4) 以电极寻找工件放电位置的 X、Y 坐标。

(5) 将液位控制开关打开(打开时指示灯闪烁)，再将睡眠开关开启(打开时其指示灯亮)。

(6) 手动伺服进刀，到达 Z 轴基准面位置，设定放电深度，在进行深度设定时，待电极与工件完全接触的时刻输入数据，然后视其差值进行 Z 轴补正。

(7) 加工液压马达开启到"ON"，使液面淹没工件。

(8) 放电开关拨到"ON"。

(9) 观察电压表和电流表的指示值，以及伺服稳定指示灯是否稳定。

(10) 确认放电位置是否正确。

(11) 加工完毕后，将工件、电极及相关图纸放置于规定的位置。

第 6 章　立体化资源

第7章　数字化制造综合能力考核

思 政 课 堂

先进制造技术是在传统制造技术基础上不断吸收机械、电子、信息、材料、能源和现代管理等方面的成果，并将其综合应用于产品设计、制造、检测、管理、销售、使用、服务的制造全过程，以实现优质、高效、低耗、清洁、灵活的生产，提高对动态多变的市场的适应能力和竞争能力的制造技术总称。科学技术和生产力必将发生新的革命性突破，科技进步与创新成为了推动经济和社会发展的决定性因素。因此，在新时期培养大学生的创新精神显得尤为重要。

7.1　数字化制造工艺编程能力考核

1. 考核内容

两人1组，每组编制1个数控车床零件和1个数控铣床零件。

2. 考核要求

数字化制造工艺编程能力考核的具体要求如下：

(1) 编制 CAXA 工艺图表形式的工艺规程2份，工艺规程表格中按附录画出零件的走刀路线图；

(2) 手工或利用 CAM 软件编制数控加工程序；

(3) 如果利用软件编程，则开发后置处理器，生成加工机床用程序；

(4) 利用 VNUC 软件进行数控仿真加工，对完整仿真过程录制视频并上交；

(5) 撰写报告；

(6) 打印工艺规程和报告并上交；

(7) 报告讲解，答辩。

7.2　数字化制造加工能力考核

1. 考核内容

两人1组，每人加工1个数控车床零件和1个数控铣床零件。

2. 考核要求

数字化制造加工能力考核的具体要求如下：

(1) 选择毛坯；

(2) 选择刀具并测量安装刀具；

(3) 选择量具；

(4) 装夹定位零件；

(5) 模拟加工；

(6) 加工；

(7) 零件检验；

(8) 不合格品分析。

7.3　数字化制造职业鉴定实操能力考核

1. 考核内容

(1) 现场笔试：制订数控加工工艺卡片及编程(25 分)；

(2) 现场操作(75 分)：

① 工夹具的使用(3 分)；

② 设备的维护保养(7 分)；

③ 数控车床规范操作(20 分)；

④ 精度检验及误差分析(45 分)。

2. 考核要求

数字化制造职业鉴定实操能力考核的具体要求如下：

(1) 利用指定机床，选择刀具、夹具及量具；

(2) 编制工艺规程；

(3) 加工零件；

(4) 时间为 300 min；

(5) 总分为 100 分。

3. 职业鉴定实操等级

① 数控车工中级；

② 数控车工高级；

③ 数控铣工中级；

④ 数控铣工高级。

4. 笔试内容

制订数控加工工艺卡片，如表 7.1 所示。

表 7.1　数控加工工艺卡片

职业	数控车(铣)工	考核等级		姓名		得分	
数控车床工艺简卡				准考证号			
				机床编号			
工序名称及加工程序号	工艺简图 (标明定位、装夹位置) (标明程序原点和对刀点位置)			工步序号及内容		选用刀具	
				1.			
				2.			
				3.			
				4.			
				5.			
				6.			
				7.			
				8.			
				9.			
				1.			
				2.			
				3.			
				4.			
				5.			
				6.			
				7.			
				8.			
				9.			
监考人		检验员			考评人：		
日期							

5. 零件图纸和评分标准

(1) 数控车工中级图纸和要求如图 7.1 所示。数控车工中级评分标准如表 7.2 所示。

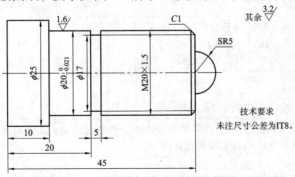

图 7.1　数控车工中级图纸和要求

表 7.2　　数控车工中级工评分标准

职业		数控车工	姓名		考核等级		总分	
			准考证号					
序号	考核项目	考核内容及要求		配分	评分标准	检测结果	扣分	得分
1	工艺分析	填写工序卡。工艺不合理，视情况酌情扣分(详见工序卡)。 (1) 工件定位和夹紧不合理。 (2) 加工顺序不合理。 (3) 刀具选择不合理。 (4) 关键工序错误		5	每违反一条酌情扣1分，扣完为止			
2	程序编制	(1) 指令正确，程序完整。 (2) 会运用刀具半径和长度补偿功能。 (3) 数值计算正确，程序编写表现出一定的技巧，会简化计算和加工程序		20	每违反一条酌情扣 1～5 分，扣完为止			
3	数控车床规范操作	(1) 开机前的检查和开机顺序正确。 (2) 正确返回机床参考点。 (3) 正确对刀，建立工件坐标系。 (4) 正确设置参数。 (5) 正确仿真校验		20	每违反一条酌情扣 2～4 分，扣完为止			
4	外圆	$\phi25_{-0.033}^{0}$	IT	5	超差 0.01 扣 2 分			
			Ra	2	降一级扣 2 分			
		$\phi20_{-0.021}^{0}$	IT	5	超差 0.01 扣 2 分			
			Ra	2	降一级扣 2 分			
		C1	IT	2	超差不得分			
			Ra	2	降级不得分			
5	曲面	SR5	IT	4	超差 0.01 扣 1 分			
			Ra	2	降一级扣 2 分			
6	外螺纹	M20×1.5	IT	7	不合格不得分			
			Ra	2	降一级扣 2 分			
7	长度	45	IT	3	超差 0.01 扣 1 分			
8		20	IT	4	超差不得分			
9		10	IT	4	超差 0.01 扣 1 分			
10	退刀槽	$\phi17×5$	IT	4	超差不得分			
11	安全文明生产	(1) 着装规范，未受伤。 (2) 刀具、工具、量具放置规范。 (3) 工件装夹、刀具安装规范。 (4) 正确使用量具。 (5) 注意卫生、设备保养。 (6) 关机后机床停放位置合理		7	每违反一条酌情扣1分，扣完为止			
12	否定项	发生重大事故(人身和设备安全事故等)、严重违反工艺原则和情节严重的野蛮操作等，由监考人决定取消其实操考核资格						
监考人：		检验员：				考评员：		
评分人：　　　年　月　日					核分人：　　　年　月　日			

(2) 数控车工高级图纸和要求如图 7.2 所示。

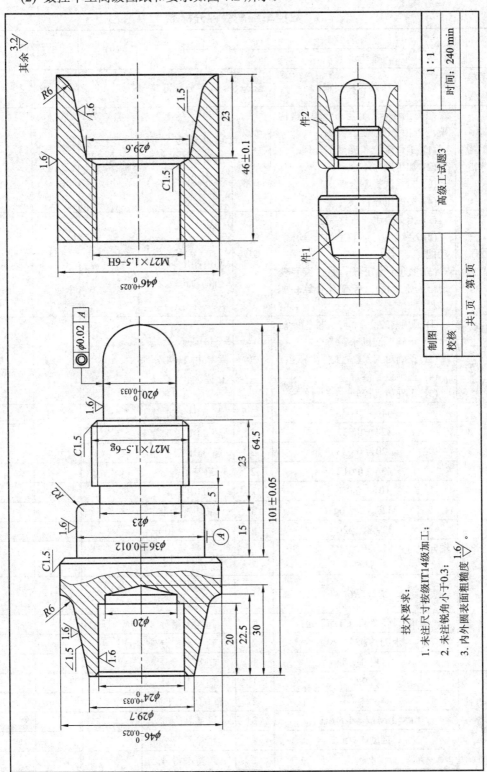

图 7.2　数控车工高级图纸和要求

数控车工高级评分标准如表 7.3 所示。

表 7.3 数控车工高级评分标准

职业	数控车工	姓名		考核等级		总分	
		准考证号					
序号	考核项目	考核内容及要求	配分	评分标准	检测结果	扣分	得分
1	工艺分析	填写工序卡。工艺不合理，视情况酌情扣分(详见工序卡)。(1) 工件定位和夹紧不合理。(2) 加工顺序不合理。(3) 刀具选择不合理。(4) 关键工序错误	5	每违反一条酌情扣 1 分，扣完为止			
2	程序编制	(1) 指令正确，程序完整。(2) 会运用刀具半径和长度补偿功能。(3) 数值计算正确，程序编写表现出一定的技巧，会简化计算和加工程序	20	每违反一条酌情扣 1~5 分，扣完为止			
3	数控车床规范操作	(1) 开机前的检查和开机顺序正确。(2) 正确返回机床参考点。(3) 正确对刀，建立工件坐标系。(4) 正确设置参数。(5) 正确仿真校验	20	每违反一条酌情扣 2~4 分，扣完为止			
4	件1	$\phi46-0.025$	2	超 0.01 扣 1 分			
		$\phi24+0.033$	2	超 0.01 扣 1 分			
		$\phi20-0.033$	2	超 0.01 扣 1 分			
		$\phi36\pm0.012$	2	超差不得分			
		101 ± 0.05	2	超 0.01 扣 1 分			
		M27×1.5-6g	3	以环规为准			
		$\phi29.7$、$\phi20$	2	超差 1 个扣分			
		轴向尺寸: 15、20、22.5、23、30、64.5	3	超差 1 个扣 1 分			
		$R2$、$R6$	1	与 R 规不符不得分			
		倒角 $C1$(1 处)、$C1.5$(2 处)	1	超差不得分			
		退刀槽 $\phi23\times5$	2	超差不得分			
		锥度 1:5	1	超差不得分			
5	件2	$\phi29.6$	1	超差不得分			
		$\phi46_{0}^{+0.025}$	2	超 0.01 扣 1 分			
		螺纹 M27×1.5-6H	3	以塞规为准			
		锥度 1:5	1	超差不得分			
		23	1	超差不得分			
		46 ± 0.1	1	超差不得分			

序号	考核项目	考核内容及要求	配分	评分标准	检测结果	扣分	得分
5	件 2	*R*6	1	与 R 规不符不得分			
		倒角 *C*1.5	1	超差不得分			
6	表面质量	内外表面	5	达不到要求不得分			
7	配合	锥面配合(2 处)	3	超差不得分			
8		螺纹配合(以内外螺纹为准)	4	不合格不得分			
10	形位公差	同轴度	2	超差不得分			
11	安全文明生产	(1) 着装规范，未受伤。 (2) 刀具、工具、量具放置规范。 (3) 工件装夹、刀具安装规范。 (4) 正确使用量具。 (5) 卫生、设备保养。 (6) 关机后机床停放位置合理	7	每违反一条酌情扣 1 分，扣完为止			
12	否定项	发生重大事故(人身和设备安全事故等)、严重违反工艺原则和情节严重的野蛮操作等，由监考人决定取消其实操考核资格					
	监考人：		检验员：		考评员：		

评分人：   年 月 日   核分人：   年 月 日

(3) 数控铣中级工图纸和要求如图 7.3 所示。

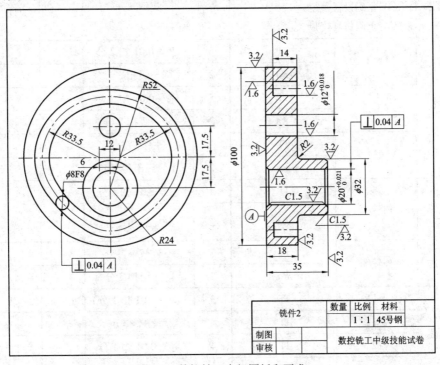

图 7.3 数控铣工中级图纸和要求

数控铣工中级评分标准如表 7.4 所示。

表 7.4 数控铣工中级评分标准

职业	数控铣工	姓名			考核等级		总分	
		准考证号						

序号	考核项目	考核内容及要求		配分	评分标准	检测结果	扣分	得分
1	工艺分析	填写工序卡。工艺不合理，视情况酌情扣分(详见工序卡)。 (1) 工件定位和夹紧不合理。 (2) 加工顺序不合理。 (3) 刀具选择不合理。 (4) 关键工序错误		5	每违反一条酌情扣 1 分，扣完为止			
2	程序编制	(1) 指令正确，程序完整。 (2) 运用刀具半径和长度补偿功能。 (3) 数值计算正确，程序编写表现出一定的技巧，会简化计算和加工程序		20	每违反一条酌情扣 1~5 分，扣完为止			
3	数控铣床规范操作	(1) 开机前的检查和开机顺序正确。 (2) 正确返回机床参考点。 (3) 正确对刀，建立工件坐标系。 (4) 正确设置参数。 (5) 正确仿真校验		20	每违反一条酌情扣 2~4 分，扣完为止			
4	轮廓	$R24$	IT	5	超差 0.01 扣 2 分			
			Ra	2	降一级扣 2 分			
		$R33.5$	IT	5	超差 0.01 扣 2 分			
			Ra	2	降一级扣 2 分			
		$R52$	IT	2	超差不得分			
			Ra	2	降级不得分			
5	轮廓	内轮廓	IT	4	超差 0.01 扣 1 分			
			Ra	2	降一级扣 2 分			
6	轮廓	外轮廓	IT	7	不合格不得分			
			Ra	2	降一级扣 2 分			
7	尺寸	$\phi8F8$	IT	3	超差 0.01 扣 1 分			
8		$14^{0}_{-0.05}$	IT	4	超差不得分			
9		12	IT	4	超差 0.01 扣 1 分			
10		6	IT	4	超差不得分			

序号	考核项目	考核内容及要求	配分	评分标准	检测结果	扣分	得分
11	安全文明生产	(1) 着装规范，未受伤。 (2) 刀具、工具、量具的放置规范。 (3) 工件装夹、刀具安装规范。 (4) 正确使用量具。 (5) 注意卫生、设备保养。 (6) 关机后机床停放位置合理	7	每违反一条酌情扣1分，扣完为止			
12	否定项	发生重大事故(人身和设备安全事故等)、严重违反工艺原则和情节严重的野蛮操作等，由监考人决定取消其实操考核资格					

监考人：		检验员：		考评员：

评分人：　　　　年　月　日　　　　　核分人：　　　　年　月　日

(4) 数控铣高级工图纸和要求。

数控铣高级工图纸和要求如图 7.4 所示。

其余 $\sqrt{\dfrac{6.3}{}}$

材料：45号锻件

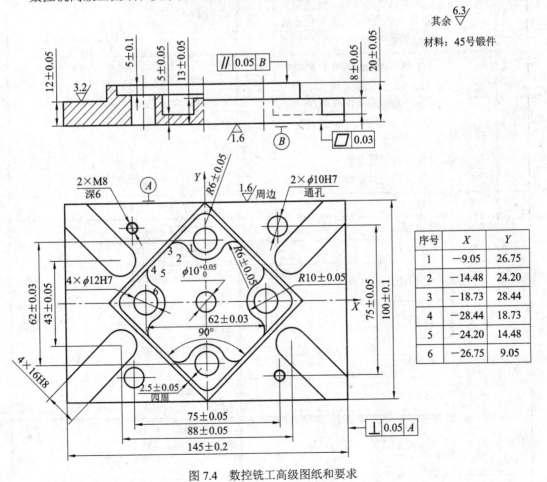

序号	X	Y
1	−9.05	26.75
2	−14.48	24.20
3	−18.73	28.44
4	−28.44	18.73
5	−24.20	14.48
6	−26.75	9.05

图 7.4　数控铣工高级图纸和要求

数控铣工高级评分标准如表 7.5 所示。

表 7.5　数控铣工高级评分标准

职业	数控铣工	姓名		考核等级		总分	
		准考证号					

序号	考核项目	考核内容及要求	配分	评分标准	检测结果	扣分	得分
1	工艺分析	填写工序卡。工艺不合理，视情况酌情扣分(详见工序卡)。 (1) 工件定位和夹紧不合理。 (2) 加工顺序不合理。 (3) 刀具选择不合理。 (4) 关键工序错误	5	每违反一条酌情扣 1 分，扣完为止			
2	程序编制	(1) 指令正确，程序完整。 (2) 会运用刀具半径和长度补偿功能。 (3) 数值计算正确，程序编写表现出一定的技巧，会简化计算和加工程序	20	每违反一条酌情扣 1~5 分，扣完为止			
3	数控铣床规范操作	(1) 开机前的检查和开机顺序正确。 (2) 正确返回机床参考点。 (3) 正确对刀，建立工件坐标系。 (4) 正确设置参数。 (5) 正确仿真校验	20	每违反一条酌情扣 2~4 分，扣完为止			
4	外形	145 ± 0.2	5	超差不得分			
		100 ± 0.1	5	超差不得分			
		20 ± 0.05	2	超差不得分			
5	孔	62 ± 0.03	2	一处超差 0.01 扣 1 分			
		$\phi12H7$	2	一处超差 0.01 扣 1 分			2 处
		$\phi10H7$	4	一处超差 0.01 扣 2 分			2 处
		75 ± 0.05	2	一处超差 0.01 扣 1 分			
		M6 深 6	2	一处超差 0.01 扣 2 分			2 处
			2	乱牙不得分			

续表

序号	考核项目	考核内容及要求	配分	评分标准	检测结果	扣分	得分
6	凸台	$R6\pm0.05$	2	一处超差 0.1 扣 0.2 分			12 处
		$R10\pm0.05$	3	一处超差 0.1 扣 0.2 分			4 处
		$\phi10+0.050$	2	超差 0.02 扣 1 分			
		13 ± 0.05	2	一处超差 0.01 扣 1 分			
		5 ± 0.05	2	一处超差 0.1 扣 1 分			
		5 ± 0.1	2	一处超差 0.1 扣 1 分			
		12 ± 0.05	2	超差不得分			
7	凹槽	43 ± 0.05	2	一处超差 0.01 扣 1 分			2 处
		88 ± 0.05	2	超差 0.01 扣 1 分			2 处
		8 ± 0.05	2	一处超差 0.01 扣 1 分			4 处
		16H8	2	一处超差 0.01 扣 1 分			4 处
8	形位公差	平面度	1	超差不得分			
		平行度	1	超差不得分			
		垂直度	1	超差不得分			
9	粗糙度	$Ra1.6$	1	降级不得分			
		$Ra3.2$	1	降级不得分			
		$Ra6.3$	1	降级不得分			
10	配合	配合可靠灵活	2	超差不得分			
11	安全文明生产	(1) 着装规范，未受伤。 (2) 刀具、工具、量具的放置规范。 (3) 工件装夹、刀具安装规范。 (4) 正确使用量具。 (5) 注意卫生、设备保养。 (6) 关机后机床停放位置合理	7	每违反一条酌情扣 1 分。扣完为止			
12	否定项	发生重大事故(人身和设备安全事故等)、严重违反工艺原则和情节严重的野蛮操作等，由监考人决定取消其实操考核资格					

监考人：		检验员：		考评员：
评分人：　　　年　月　日		核分人：　　　年　月　日		

附　　录

附录1　公差等级应用范围

附表 1.1　孔的公差带 *H* 极限偏差表

μm

公称尺寸		公　差　带　*H*												
大于	至	1	2	3	4	5	6	7	8	9	10	11	12	13
—	3	+0.8 0	+1.2 0	+2 0	+3 0	+4 0	+6 0	+10 0	+14 0	+25 0	+40 0	+60 0	+100 0	+140 0
3	6	+1 0	+1.5 0	+2.5 0	+4 0	+5 0	+8 0	+12 0	+18 0	+30 0	+48 0	+75 0	+120 0	+180 0
6	10	+1 0	+1.5 0	+2.5 0	+4 0	+6 0	+9 0	+15 0	+22 0	+36 0	+58 0	+90 0	+150 0	+220 0
10	14	+1.2 0	+2 0	+3 0	+5 0	+8 0	+11 0	+18 0	+27 0	+43 0	+70 0	+110 0	+180 0	+270 0
14	18													
18	24	+1.5 0	+2.5 0	+4 0	+6 0	+9 0	+13 0	+21 0	+33 0	+52 0	+84 0	+130 0	+210 0	+330 0
24	30													
30	40	+1.5 0	+2.5 0	+4 0	+7 0	+11 0	+16 0	+25 0	+39 0	+62 0	+100 0	+160 0	+250 0	+390 0
40	50													
50	65	+2 0	+3 0	+5 0	+8 0	+13 0	+19 0	+30 0	+46 0	+74 0	+120 0	+190 0	+300 0	+460 0
65	80													
80	100	+2.5 0	+4 0	+6 0	+10 0	+15 0	+22 0	+35 0	+54 0	+87 0	+140 0	+220 0	+350 0	+540 0
100	120													

附表 1.2　轴的公差带 *h* 极限偏差表

μm

公称尺寸		公　差　带　*h*												
大于	至	1	2	3	4	5	6	7	8	9	10	11	12	13
—	3	0 −0.8	0 −1.2	0 −2	0 −3	0 −4	0 −6	0 −10	0 −14	0 25	0 −40	0 −60	0 −100	0 −140
3	6	0 −1	0 −1.5	0 −2.5	0 −4	0 −5	0 −8	0 −12	0 −18	0 −30	0 −48	0 −75	0 −120	0 −180

公称尺寸		公差带 h												
大于	至	1	2	3	4	5	6	7	8	9	10	11	12	13
6	10	0	0	0	0	0	0	0	0	0	0	0	0	0
		−1	−1.5	−2.5	−4	−6	−9	−15	−22	−36	−58	−90	−150	−220
10	14	0	0	0	0	0	0	0	0	0	0	0	0	0
14	18	−1.2	−2	−3	−5	−8	−11	−18	−27	−43	−70	−110	−180	−270
18	24	0	0	0	0	0	0	0	0	0	0	0	0	0
24	30	−1.5	−2.5	−4	−6	−9	−13	−21	−33	−52	−84	−130	−210	−330
30	40	0	0	0	0	0	0	0	0	0	0	0	0	0
40	50	−1.5	−2.5	−4	−7	−11	−16	−25	−39	−62	−100	−160	−250	−390
50	65	0	0	0	0	0	0	0	0	0	0	0	0	0
65	80	−2	−3	−5	−8	−13	−19	−30	−46	−74	−120	−190	−300	−460
80	100	0	0	0	0	0	0	0	0	0	0	0	0	0
100	120	−2.5	−4	−6	−10	−15	−22	−35	−54	−87	−140	−220	−350	−540

附表1.3　未注尺寸公差

线性尺寸的极限偏差数值(GB/T1804—2000)								
公差等级 /mm		基本尺寸分段						
		0.5～3	>3～6	>6～30	>30～120	>120～400	>400～1000	>1000～2000
精密	f	±0.05	±0.05	±0.1	±0.15	±0.2	±0.3	±0.5
中等	m	±0.1	±0.1	±0.2	±0.3	±0.5	±0.8	±1.2
粗糙	e	±0.2	±0.3	±0.5	±0.8	±1.2	±2	±3
最粗	v	—	—	±1	±1.5	±2.5	±4	±6
倒圆半径和倒角高度尺寸的极限偏差值(GB/T1804—2000)								
公差等级 /mm		基本尺寸分段						
		0.5～3	>3～6		>6～30		>30	
精密	f	±0.2	±0.5		±1		±2	
中等	m							
粗糙	e	±0.4	±1		±2		±4	

附录2 各种加工方法表面粗糙度范围

附表2.1 加工方法与表面粗糙度选用

加工方法			表面粗糙度 Ra/μm	加工方法			表面粗糙度 Ra/μm
自动气割、带锯或圆盘锯割断			50～12.5	钻		≤φ15 mm	63～3.2
切断	车		50～12.5			>φ15 mm	25～6.3
	洗		25～12.5	抛光		精	0.8～0.1
	砂轮		3.2～1.6			精密	0.1～0.025
车削外圆	粗车		12.5～3.6			砂带抛光	0.2～0.1
	半精车	金属	6.3～3.2			砂布抛光	1.6～0.1
		非金属	3.2～1.6			电抛光	1.6～0.012
	精车	金属	3.2～0.8	螺纹加工	切削	板牙、丝锥、自开式板牙头	6.2～0.8
		非金属	1.6～0.4				
车削外圆	精密车(或金刚石车)	金属	0.8～0.2			车刀或疏刀车、铣	6.3～0.8
		非金属	0.4～0.1				
车削端面	粗车		12.5～6.3			磨	0.8～0.2
	半精车	金属	6.3～3.2			研磨	0.8～0.050
		非金属	6.3～1.6		滚轧	搓丝磨	1.6～0.8
	精车	金属	6.3～1.6			滚丝模	1.6～0.2
		非金属	6.3～1.6	钳工挫削			12.5～0.8
	密精车	金属	0.8～0.4	砂轮清理			50～6.3
		非金属	0.8～0.2				
切槽	一次行程		12.5				
	二次行程		63～3.2				
高速车削			0.8～0.2				

附录3　常用螺纹的直径与螺距

附表3.1　普通螺纹的基本尺寸

基 本 牙 型	尺 寸 计 算
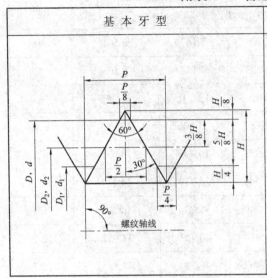	1. 牙形角：$\alpha=60°$ 2. 原始三角形高度：$H=\dfrac{P}{2}\arctan\dfrac{a}{2}=0.866P$ 3. 削平高度：外螺纹牙顶和内螺纹牙底均在 H/8 处削平，外螺纹牙底和内螺纹牙顶均在 H/4 处削平 4. 牙形高度：$h_1=H-\dfrac{H}{8}-\dfrac{H}{4}=\dfrac{5}{8}H=0.5413P$ 5. 大径：$d=D$(公称直径) 6. 中径：$d_2=D_2=d-2\times\dfrac{3}{8}H=d-0.6495P$ 7. 小径：$d_1=D_1=d-2\times\dfrac{5}{8}H=d-1.0825P$

附表3.2　常用普通螺纹的基本尺寸(GB/T 196—2003)　　　　　mm

公称直径 (大径)D、d	螺距 P	中径 D_2、d_2	小径 D_1、d_1	公称直径 (大径)D、d	螺距 P	中径 D_2、d_2	小径 D_1、d_1
1	0.25	0.838	0.729	10	1.5	9.026	8.376
2	0.4	1.74	1.567	12	1.75	10.863	10.106
3	0.5	2.675	2.459	14	2	12.701	11.835
4	0.7	3.545	3.242	16	2	14.701	13.835
5	0.8	4.48	4.134	18	2.5	16.376	15.294
6	1	5.35	4.917	20	2.5	18.376	17.294
8	1.25	7.188	6.647	24	3	22.051	20.752

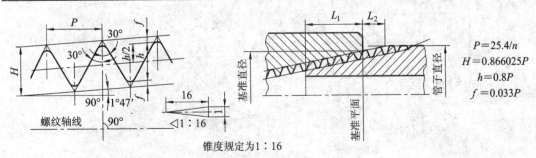

锥度规定为1∶16

附图3.1　55°密封圆锥管螺纹

附表 3.3　55° 密封圆锥管螺纹(GB/T7306—2000)

尺寸代号	每25.4mm内所包含的牙数 n	螺距 P	牙高 h	基准平面内的基本直径			基本距离
				大径 $d=D$	中径 $d_2=D_2$	小径 $d_1=D_1$	
				mm			mm
1/16	28	0.907	0.581	7.723	7.142	6.561	4
1/8	28	0.907	0.581	9.728	9.147	8.566	4
1/4	19	1.337	0.856	13.157	12.301	11.445	6
3/8	19	1.337	0.856	16.662	15.806	14.950	6.4
1/2	14	1.814	1.162	20.955	19.793	18.631	8.2
3/4	14	1.814	1.162	26.441	25.279	24.117	9.5
1	11	2.309	1.479	33.249	31.770	30.291	10.4
11/4	11	2.309	1.479	41.910	40.431	38.952	12.7
11/2	11	2.309	1.479	47.803	46.324	44.845	12.7
21/2	11	2.309	1.479	59.614	58.135	56.656	15.9
2	11	2.309	1.479	75.184	73.705	72.226	17.5
3	11	2.309	1.479	87.884	86.405	84.926	20.6
4	11	2.309	1.479	113.030	111.551	110.072	25.4
5	11	2.309	1.479	138.430	136.951	135.472	28.6
6	11	2.309	1.479	163.830	162.351	160.872	28.6

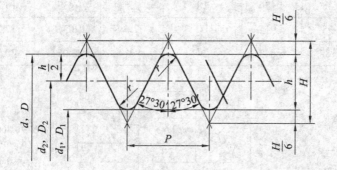

$$P=25.4/n$$
$$H=0.960491P$$
$$h=0.640327P$$
$$r=0.137329P$$
$$H/6=0.160082P$$
$$d_2=D_2=d-0.640327P$$
$$d_1=D_1=d-1.280654P$$

附图 3.2　55° 非密封圆锥管螺纹

附表3.4　55°非密封圆锥管螺纹(GB/T7306—2000)

尺寸代号	每25.4mm内所包含的牙数 n	螺距 P	牙高 h	基本直径		
				大径 $d=D$	中径 $d_2=D_2$	小径 $d_1=D_1$
				mm		
1/16	28	0.907	0.581	7.723	7.142	6.561
1/8	28	0.907	0.581	9.728	9.147	8.566
1/4	19	1.337	0.856	13.157	12.301	11.445
3/8	19	1.337	0.856	16.662	15.806	14.950
1/2	14	1.814	1.162	20.955	19.793	18.631
5/8	14	1.814	1.162	22.911	21.749	20.587
3/4	14	1.814	1.162	26.441	25.279	24.117
7/8	14	1.814	1.162	30.201	29.039	27.877
1	11	2.309	1.479	33.249	31.770	30.291
11/8	11	2.309	1.479	37.897	36.418	34.939
11/4	11	2.309	1.479	41.910	40.431	38.952
11/2	11	2.309	1.479	47.803	46.324	44.845
13/4	11	2.309	1.479	53.746	52.267	50.788
2	11	2.309	1.479	59.614	58.135	56.656
21/4	11	2.309	1.479	75.184	73.705	72.226
23/4	11	2.309	1.479	81.534	80.055	78.576
3	11	2.309	1.479	87.884	86.405	84.926

附录4　零件图

参 考 文 献

[1] 李铁钢，王海飞. 数字化制造综合实践[M]. 北京：北京理工大学出版社，2019.

[2] 魏永涛. 金工实训教程[M]. 北京：清华大学出版社，2013.

[3] 周巍，何七荣. 机械制造基础与实训[M]. 合肥：中国科学技术大学出版社，2008.

[4] 宋树恢，朱华炳. 工程训练：现代制造技术实训指导[M]. 合肥：合肥工业大学出版社，
     2007.

[5] 张茂. 机械制造技术基础[M]. 北京：机械工业出版社，2007.

[6] 朱洪俊，杨文光，廖磊. 机械制造实训教程[M]. 成都：电子科技大学出版社，2008.

[7] 周继烈. 机械制造工程实训[M]. 北京：科学技术出版社，2005.

[8] 刘新佳. 金属工艺学实习教材[M]. 北京：高等教育出版社，2008.

[9] 李铁钢. 数控加工技术[M]. 北京：中国电力出版社，2014.

[10] 涂志标，黎胜容. 典型零件数控铣加工生产实例[M]. 北京：机械工业出版社，2011.

[11] BEIJING-FANUC Oi-TB 操作说明书.

[12] 顾京. 数控机床加工程序编制 [M].4 版. 北京：机械工业出版社，2011.

[13] 王爱玲. 现代数控机床[M]. 北京：国防工业出版社，2003.

[14] 关颖. 数控车床[M]. 沈阳：辽宁科学技术出版社，2005.

[15] 张学仁，等. 数控电火花线切割加工技术[M]. 哈尔滨：哈尔滨工业大学出版社，2000.